R로 알아가는 시계열분석

Time Series Analysis

박동련 지음

KYOWOO

차 례

머리말

시간의 흐름에 따라 관측되는 시계열자료는 경영·경제 분야 뿐 아니라 이제는 다른 많은 분야에서도 흔히 접할 수 있는 형태의 자료이다. 시계열자료의 가장 큰 특징은 자료들 사이에 강한 상관관계가 존재할 수 있다는 것인데, 이런 특징으로 인하여 선형회귀모형과 같이 자료의 독립성을 가정으로 하고 있는 모형으로는 시계열자료의 분석에 한계가 있다.

이 책에서는 시계열자료의 모형으로 가장 많이 사용되는 ETS 모형과 ARIMA 모형, 그리고 ARMA 오차 회귀모형에 대해서 다루고 있다. 각 모형에 대한 이론적인 측면에서의 접근은 가능한 줄이고, R을 활용한 실용적인 분석 기법의 소개를 주된 목적으로 하고 있다. 특히 패키지 `forecast`[1]의 다양한 함수들을 활용한 분석 기법을 소개하고 있다.

이 책에서는 R의 기초적인 사용법 및 패키지 `tidyverse`[2]에 대해 책을 읽는 분들이 어느 정도 친숙하다는 가정을 하고 있다. 만일 도움이 필요한 분들은 Wickham and Grolemund [2016] 또는 박동련 [2020] 등을 참고하기 바란다.

이 책은 패키지 `bookdown`[3]을 사용하여 Rstudio에서 작성되었으며, 예제에서 사용된 R code와 예제 자료 등은 GitHub[4]에서 찾아 볼 수 있다. 또한 책에 제공된 R code에는 프롬프트(`>` 또는 `+`)를 제거하였고, console 창에 출력되는 실행 결과물은 `##`으로 시작되도록 하였다. R code의 길이가 너무 긴 경우에는 다음 줄로 넘기되, 연결 기호 ↪를 다음과 같이 표시되도록 하였다.

[1] https://pkg.robjhyndman.com/forecast/

[2] https://www.tidyverse.org/

[3] https://bookdown.org/

[4] https://yjyjpark.github.io/TS-with-R/

```
depart <- scan("https://raw.githubusercontent.com/yjyjpark/
↪  TS-with-R/main/Data/depart.txt")
```

이 책을 작성할 때의 R 세션 정보는 다음과 같다.

```
sessionInfo()
```

```
## R version 4.2.1 (2022-06-23 ucrt)
## Platform: x86_64-w64-mingw32/x64 (64-bit)
## Running under: Windows 10 x64 (build 22000)
##
## Matrix products: default
##
## locale:
## [1] LC_COLLATE=Korean_Korea.utf8
## [2] LC_CTYPE=Korean_Korea.utf8
## [3] LC_MONETARY=Korean_Korea.utf8
## [4] LC_NUMERIC=C
## [5] LC_TIME=Korean_Korea.utf8
##
## attached base packages:
## [1] stats     graphics  grDevices utils     datasets
## [6] methods   base
##
## other attached packages:
##  [1] expsmooth_2.3   fma_2.4         forecast_8.18
##  [4] fpp2_2.4        forcats_0.5.2   stringr_1.4.1
##  [7] dplyr_1.0.10    purrr_0.3.5     readr_2.1.3
## [10] tidyr_1.2.1     tibble_3.1.8    ggplot2_3.3.6
## [13] tidyverse_1.3.2
##
## loaded via a namespace (and not attached):
```

```
##  [1] tseries_0.10-52      httr_1.4.4
##  [3] jsonlite_1.8.3       modelr_0.1.9
##  [5] assertthat_0.2.1     TTR_0.24.3
##  [7] googlesheets4_1.0.1 cellranger_1.1.0
##  [9] yaml_2.3.6           pillar_1.8.1
## [11] backports_1.4.1      lattice_0.20-45
## [13] glue_1.6.2           quadprog_1.5-8
## [15] digest_0.6.30        rvest_1.0.3
## [17] colorspace_2.0-3     htmltools_0.5.3
## [19] timeDate_4021.106    pkgconfig_2.0.3
## [21] broom_1.0.1          haven_2.5.1
## [23] bookdown_0.29        scales_1.2.1
## [25] tzdb_0.3.0           googledrive_2.0.0
## [27] generics_0.1.3       ellipsis_0.3.2
## [29] withr_2.5.0          urca_1.3-3
## [31] nnet_7.3-17          cli_3.4.1
## [33] quantmod_0.4.20      magrittr_2.0.3
## [35] crayon_1.5.2         readxl_1.4.1
## [37] evaluate_0.17        fs_1.5.2
## [39] fansi_1.0.3          nlme_3.1-157
## [41] xts_0.12.2           xml2_1.3.3
## [43] tools_4.2.1          hms_1.1.2
## [45] gargle_1.2.1         lifecycle_1.0.3
## [47] munsell_0.5.0        reprex_2.0.2
## [49] compiler_4.2.1       rlang_1.0.6
## [51] grid_4.2.1           rstudioapi_0.14
## [53] rmarkdown_2.17       gtable_0.3.1
## [55] fracdiff_1.5-1       curl_4.3.3
## [57] DBI_1.1.3            R6_2.5.1
## [59] zoo_1.8-11           lubridate_1.8.0
## [61] knitr_1.40           fastmap_1.1.0
## [63] utf8_1.2.2           stringi_1.7.8
## [65] parallel_4.2.1       Rcpp_1.0.9
```

```
## [67] vctrs_0.5.0         dbplyr_2.2.1
## [69] tidyselect_1.2.0    xfun_0.34
## [71] lmtest_0.9-40
```

이 책은 시계열자료에 대한 분석 및 예측 모형의 수립이 필요했지만 쉽게 다가갈 수 없었던 분들에게 조그만한 도움이 되기를 바라는 마음에서 시작한 일의 작은 결실이라 하겠다. 아낌없는 충고의 말씀을 기대해 본다.

박동련

drpark@hs.ac.kr

제 1 장

시계열 그래프

모든 통계자료 분석의 첫 번째 단계는 적절한 그래프를 작성하는 것이다. 자료의 전체 모습을 확인하는데 자료의 시각화 만큼 효과적인 방법도 없을 것이다. 시계열분석에서도 이 규칙은 예외 없이 적용된다고 할 수 있다. 그럼 시계열 자료는 어떤 특징을 갖고 있으며, 일반적인 통계 자료와 어떤 차이가 있는지 알아보도록 하자.

1.1 시계열자료

동일한 대상을 시간의 흐름에 따라 계속해서 관측할 수 있는데, 이러한 과정에서 생성된 자료를 시계열자료라고 한다. 시계열자료에는 기온과 같이 연속적으로 생성은 되지만 일정한 간격을 두고 관측되는 연속 시계열 자료가 있고, 일일 전기 소비량과 같이 자료의 생성 및 관측에 일정한 간격이 있는 이산 시계열 자료가 있다. 이 책에서는 이산 시계열 자료를 대상으로 하는 분석 기법을 다루고자 한다.

일정한 간격을 두고 관측되는 시계열 자료의 관측 시점의 차이를 시차(time lag)라고 한다.

1.1.1 종단자료(cross-sectional data)와의 비교

시계열자료는 여러 시점에 걸쳐서 동일 개체에 대하여 반복해서 관측된 자료를 의미한다. 반면에 종단자료는 어느 특정 시점에서 여러 개체에 대해 관측된 자료를 의미한다. 두 형태의 자료에 대한 예로써 다음의 표를 살펴보자.

첫 번째 표는 특정 시점에 4개 기업에 대한 주가, 유동자산 및 부채를 조사한 모의 자료이다. 회귀분석 등으로 분석이 가능한 형태의 자료라고 할 수 있다.

표 1.1: 종단자료

기업	주가	유동자산	부채
A	56,500	95	55
B	24,000	20	23
C	86,000	110	98
D	12,000	32	13

두 번째 표는 3월 2일부터 3월 5일까지 A 기업과 B 기업의 주가 자료라고 하자. 일일 간격으로 4일 동안 두 기업의 주가를 반복해서 관측한 자료이므로 시계열자료에 해당한다.

표 1.2: 시계열자료

일시	A 기업의 주가	B 기업의 주가
3.2	56,500	24,000
3.3	54,200	23,100
3.4	54,600	22,300
3.5	52,100	23,200

1.1.2 시계열 예측

통계적 추론을 위한 기본적인 가정은 자료가 서로 독립이고 동일한 분포를 갖고 있다는 것이다. 따라서 통계 자료가 서로 독립이 아니라면 통계적 예측 모형을 효과적으로 적용하기 어렵다고 할 수 있다.

앞 절에서 살펴본 종단자료는 거의 모든 경우에 행의 순서를 두 섞어도 문제가 되지 않는 자료이기 때문에, 독립성에는 큰 문제가 없는 것이 일반적인 상황이다. 따라서 이러한 형태의 자료에 대해서는 무리 없이 선형회귀모형 등을 적합시켜 예측을 효과적으로 실시할 수 있다.

반면에 시계열자료의 경우에는 예컨대 3월 3일 주가는 3월 2일 주가와 독립이 될 수 없는 상황이다. 따라서 시계열자료에 대한 예측모형은 독립성을 가정하고 있는 일반적인 통계모형을 사용할 수 없는 것이다.

우리는 앞으로 시계열자료를 대상으로 효과적인 예측을 실시할 수 있는 다양한 모형을 살펴볼 것이다. 시계열 예측은 많은 분야에서 필수적인 사항이고, 따라서 전문가가 많이 필요한 분야라고 할 수 있다.

1.2 시계열 그래프 작성

시계열자료는 관측 결과 뿐 아니라 관측이 시작된 시점과 끝난 시점, 관측 간격으로 이루어져 있으며, 이러한 정보를 R에서는 `ts` 객체에 저장할 수 있다.

예를 들어 `AirPassengers`는 미국 Pan Am 항공사의 1949년부터 1960년까지 월별 항공기 탑승 승객 수가 천 명 단위로 입력되어 있다.

```
AirPassengers
```

```
##      Jan Feb Mar Apr May Jun Jul Aug Sep Oct Nov Dec
## 1949 112 118 132 129 121 135 148 148 136 119 104 118
## 1950 115 126 141 135 125 149 170 170 158 133 114 140
## 1951 145 150 178 163 172 178 199 199 184 162 146 166
## 1952 171 180 193 181 183 218 230 242 209 191 172 194
## 1953 196 196 236 235 229 243 264 272 237 211 180 201
## 1954 204 188 235 227 234 264 302 293 259 229 203 229
## 1955 242 233 267 269 270 315 364 347 312 274 237 278
## 1956 284 277 317 313 318 374 413 405 355 306 271 306
## 1957 315 301 356 348 355 422 465 467 404 347 305 336
## 1958 340 318 362 348 363 435 491 505 404 359 310 337
```

```
## 1959 360 342 406 396 420 472 548 559 463 407 362 405
## 1960 417 391 419 461 472 535 622 606 508 461 390 432
```

AirPassengers는 ts 객체이다. 출력된 형태는 2차원 구조로 보이지만, 벡터와 같은 1차원 배열이다. ts 객체의 특성은 다음과 같이 알아볼 수 있다.

```
class(AirPassengers)
```

```
## [1] "ts"
```

```
start(AirPassengers)
```

```
## [1] 1949    1
```

```
end(AirPassengers)
```

```
## [1] 1960   12
```

```
frequency(AirPassengers)
```

```
## [1] 12
```

AirPassengers의 시작 시점은 1949년 1월이고, 종료 시점은 1960년 12월이다. 함수 frequency()는 시계열자료의 주기, 즉 계절 요소의 반복 기간을 보여주고 있다.

1.2.1 ts 객체 생성

만일 일반 벡터를 ts 객체로 변환하려고 한다면, 함수 ts()를 사용해야 한다. 사용법은 ts(data, start, end, frequency)와 같은데, data는 시계열자료로 변환할 벡터이고 start는 자료의 시작점을 지정하는 것으로써, 2020년 1

월을 시작점으로 지정한다면 start = c(2020, 1)과 같이 지정하면 된다. end는 자료의 종료 시점을 지정하는 것이며, 방법은 start와 동일하다. 만일 end를 생략한다면 data에 있는 모든 자료가 시계열자료로 변환된다. frequency는 자료의 주기를 지정하는 것으로써, 연간 자료는 1, 분기별 자료는 4, 월별 자료는 12를 지정하면 된다.

- 예제: 백화점 매출액 자료

depart.txt는 어떤 백화점의 1984년 1월부터 1988년 12월까지의 월별 매출액이 입력되어 있다. 자료에 대한 설명은 조신섭 · 손영숙 · 성병찬 [2015]에서 확인할 수 있다.
함수 scan()을 사용하여 자료를 R로 불러오자. 함수 scan()은 한 변수로 이루어진 텍스트 파일을 R로 불러올 때 사용할 수 있는 함수이다.

```
depart <- scan("https://raw.githubusercontent.com/yjyjpark/
↪ TS-with-R/main/Data/depart.txt")
```

이제 벡터 depart를 함수 ts()를 사용하여 ts 객체로 변환시켜보자.

```
depart.ts <- ts(depart, start = c(1984, 1), frequency = 12)
depart.ts
```

```
##       Jan  Feb  Mar  Apr  May  Jun  Jul  Aug  Sep  Oct  Nov
## 1984  423  458  607  564  536  536  804  540  438  627  672
## 1985  514  518  699  654  612  612  884  605  547  705  698
## 1986  561  564  773  717  665  667  994  661  616  786  806
## 1987  622  636  874  831  769  779 1142  764  718  930  943
## 1988  736  752 1057  947  868  931 1311  896  867 1073 1069
##       Dec
## 1984 1447
## 1985 1555
## 1986 1754
## 1987 2039
## 1988 2333
```

1.2.2 시계열 그래프 작성

시계열 그래프란 시계열자료를 관측된 순서대로 선으로 연결한 그래프를 의미한다. 작성 함수는 ggplot2::autoplot()인데, 이 함수는 입력되는 객체의 특성에 가장 적합한 그래프를 작성해 주는 함수로서 많은 예제에서 유용하게 사용될 함수이다. 함수 autoplot()으로 시계열 그래프를 작성하기 위해서는 패키지 forecast도 필요한데, 패키지 fpp2를 불러오면 ggplot2와 forecast가 함께 로딩된다.

또한 fpp2는 좋은 시계열자료가 많이 있는데, 이 책의 예제로 많이 사용할 것이기 때문에 R 작업을 진행할 때에는 fpp2를 먼저 불러오는 것이 좋을 것이다.

```
library(fpp2)
```

- 예제: 백화점 매출액 자료

백화점 매출액 자료인 depart.ts의 시계열 그래프를 그림 1.1에 작성해 보자.

```
autoplot(depart.ts) +
  labs(title = "Monthly sales of a department store",
       x = "Year", y = NULL)
```

- 예제: 지구 온도 자료

1856년 1월부터 2005년 12월까지 지구 온도 자료가 global.txt에 입력되어 있다. 자료에 대한 자세한 설명은 Cowpertwait and Metcalfe [2009] 에서 확인할 수 있다. 이 자료의 시계열 그래프를 그림 1.2에 작성해 보자.

```
global <- scan("https://raw.githubusercontent.com/yjyjpark/
↪  TS-with-R/main/Data/global.txt")
global.ts <- ts(global, start = c(1856, 1), frequency = 12)
```

그림 1.1: 백화점 월별 매출액

```
autoplot(global.ts) +
  labs(title = "Global Temperature 1985 ~ 2005",
       x = "Year", y = NULL)
```

그림 1.2에서 볼 수 있는 것은 대략 1970년 이후로 지속적인 상승 패턴이 있다는 점이다. 1970년 이후 자료에 대한 시계열 그래프를 다시 작성해 보자. 이것을 위해서는 이미 생성된 ts 객체에서 일부분을 선택해야 하는데, 이 작업은 함수 window()로 할 수 있다. 사용법은 window(ts, start, end)이다.

```
global.1970 <- window(global.ts, start = 1970)
```

이제 1970년 1월 이후 자료에 대한 시계열 그래프를 그림 1.3에 작성해 보자.

```
autoplot(global.1970) +
  labs(title = "Global Temperature 1970 ~ 2005",
       x = "Year", y = NULL)
```

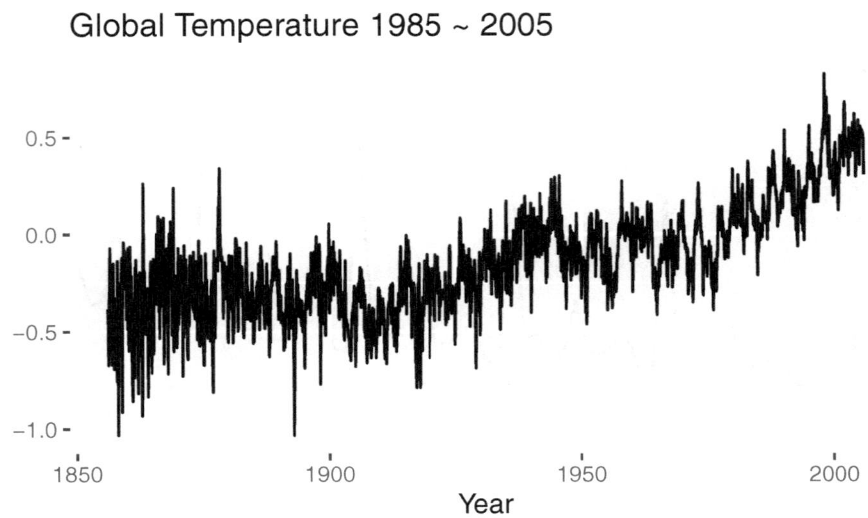

그림 1.2: 1856년부터 2005년까지 지구 온도 시계열 그래프

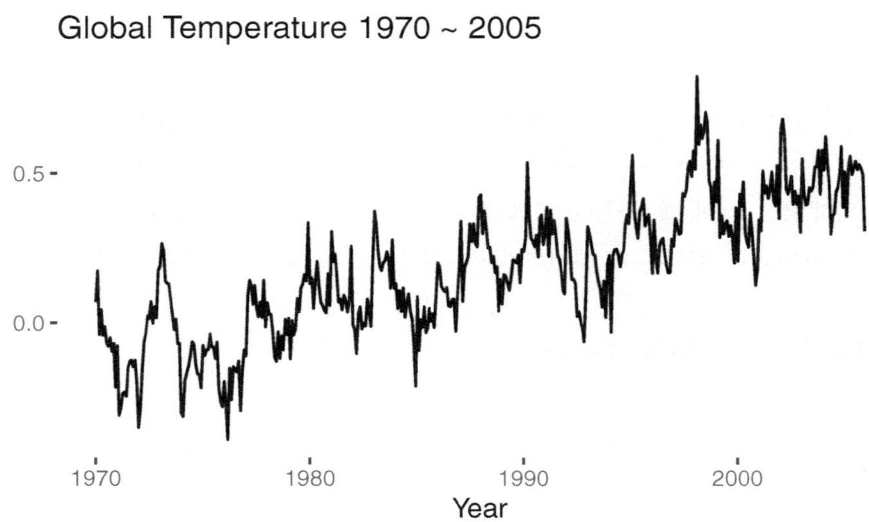

그림 1.3: 1970년부터 2005년까지 지구 온도 시계열 그래프

그림 1.3의 시계열 그래프에 회귀직선을 추가하면, 상승 추세를 조금 더 명확하게 확인할 수 있다. 회귀직선을 추가한 그래프를 그림 1.4에 작성해 보자. 회귀직선을 추가하기 위해 함수 geom_smooth()를 사용했는데, 이 함수는 ggplot2에 속한 함수이다. 패키지 ggplot2에 대한 자세한 소개는 박동련 [2020] 에서 찾아 볼 수 있다.

```
autoplot(global.1970) +
  geom_smooth(method = "lm", se = FALSE) +
  labs(title = "Global Temperature 1970 ~ 2005",
       x = "Year", y = NULL)
```

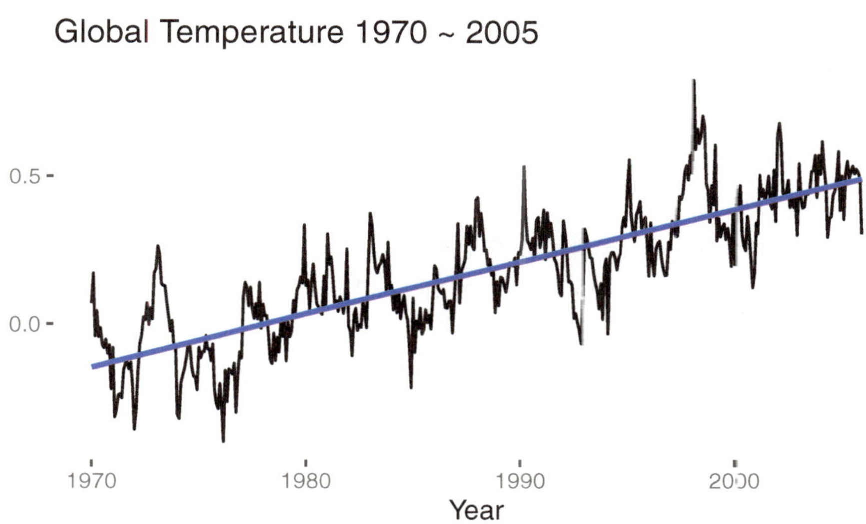

그림 1.4: 시계열 그래프에 회귀직선 추가

- 예제: 다중 시계열 그래프

cbe.txt에는 호주에서 1958년부터 생산된 초콜릿, 맥주 및 전기의 월별 생산량이 입력되어 있다. 자료의 출처는 Cowpertwait and Metcalfe [2009] 이다. 파일은 행과 열의 구조를 갖고 있으며, 각 자료는 빈 칸으로 구분되어 있다. 이런 구조의 텍스트 파일을 불러오기 위해서 패키지 readr의 함수 read_table()

을 사용하였다. %>% 기호는 패키지 **tidyverse**에서 사용되는 pipe 연산자이며, 자세한 소개는 박동련 [2020] 에서 찾아 볼 수 있다.

```
library(readr)
CBE <- read_table("https://raw.githubusercontent.com/yjyjpark/
↪  TS-with-R/main/Data/cbe.txt")
CBE %>% print(n = 3)
```

```
## # A tibble: 396 x 3
##    choc  beer  elec
##   <dbl> <dbl> <dbl>
## 1  1451  96.3  1497
## 2  2037  84.4  1463
## 3  2477  91.2  1648
## # ... with 393 more rows
```

tibble로 입력된 자료를 `ts` 객체로 변환해 보자. 함수 `ts()`에 데이터 프레임을 입력하면 열을 구성하는 벡터를 각각 개별 `ts` 객체로 변환시킨다.

```
cbe <- ts(CBE, start = 1958, frequency = 12)
head(CBE, n = 3)
```

```
## # A tibble: 3 x 3
##    choc  beer  elec
##   <dbl> <dbl> <dbl>
## 1  1451  96.3  1497
## 2  2037  84.4  1463
## 3  2477  91.2  1648
```

`cbe`에는 시계열자료 `choc`, `beer`와 `elec`로 구성되어 있음을 알 수 있다. 이러한 다중 시계열 자료를 함수 `autoplot()`에 입력한 다중 시계열 그래프를 그림 1.5에 작성해 보자.

```
autoplot(cbe) + ylab(NULL)
```

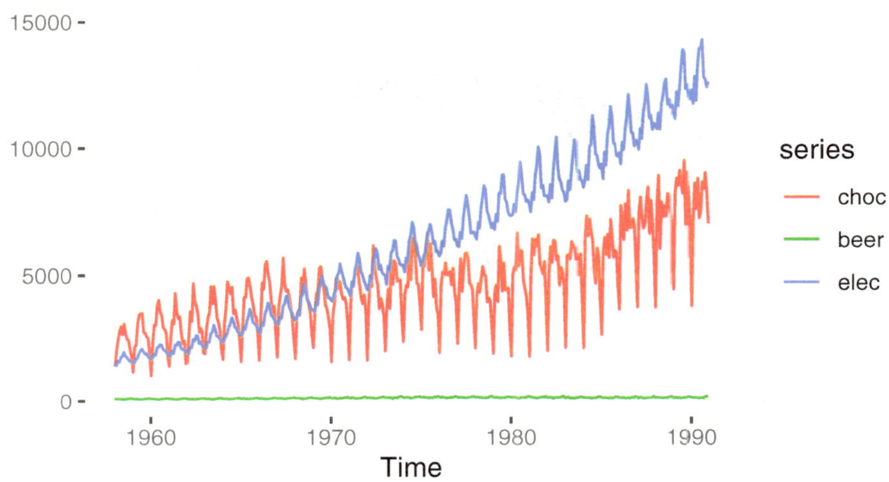

그림 1.5: 다중 시계열 그래프

만일 다중 시계열자료의 scale에 큰 차이가 있다면 하나의 그래프에 작성하는 것보다는 facet 그래프를 작성하는 것이 더 효과적이다. Facet 다중 시계열 그래프를 그림 1.6에 작성해 보자.

```
autoplot(cbe, facets = TRUE) + ylab(NULL)
```

1.2.3 Seasonal 그래프

시계열자료에 계절 변동 요소가 있는 경우에, 그 특성을 명확하게 나타낼 그래프가 있다면 많은 도움이 될 것이다. 계절 요소가 있는 시계열자료에 대해서 1.2.2절에서 살펴본 그래프를 작성해도 어느 정도 계절 요소를 확인할 수 있는 것은 사실이지만, 계절 요소만을 정밀하게 확인하기는 어려움이 있다고 하겠다. 이 절에서 살펴볼 seasonal 그래프는 기본적으로 시계열자료를 측정된 주기(월 또는 분기)별로 나타낸 그래프이다. 이러한 그래프를 작성하면 계절 변동의

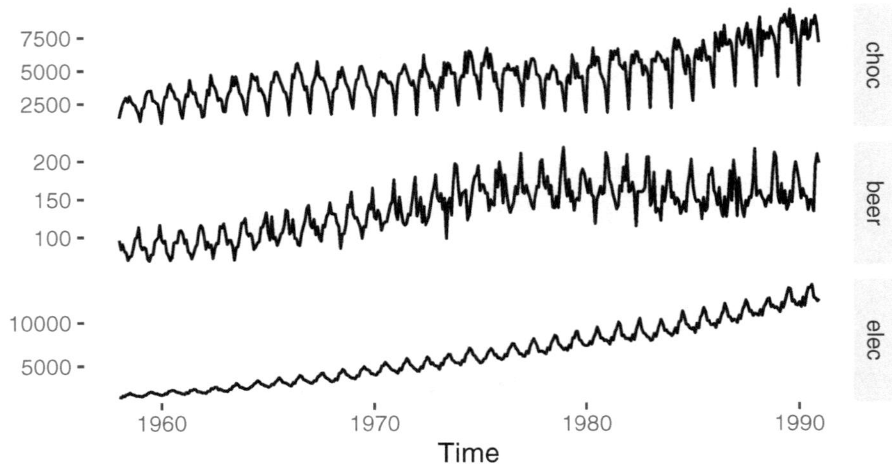

그림 1.6: 다중 시계열 그래프

패턴을 쉽게 확인 할 수 있으며, 또한 전체 측정 기간 동안 계절 패턴에 어떤 변화가 있었는지, 변화가 있었던 시점 등을 쉽게 확인할 수 있게 된다.

살펴볼 그래프는 패키지 `forecast`의 `ggseasonplot()`과 `ggsubseriesplot()`으로 작성되는 그래프, 그리고 분기별 나란히 서 있는 상자그림이다.

- 예제: `AirPassengers`

우선 함수 `ggseasonplot()`에 의한 seasonal 그래프를 그림 1.7에 작성해 보자.

```
ggseasonplot(AirPassengers)
```

X축 변수는 이 자료의 주기인 월이고, 각 연도는 색으로 구분되어 있다. 각 연도에 적용된 색은 그래프 오른쪽에 범례로 정리되어 있다. 연도에 대한 범례를 그래프 안에 일종의 라벨로 표시하고자 한다면 옵션 `year.labels = TRUE`를 포함시키면 된다. 연도 범례를 포함시킨 seasonal 그래프를 그림 1.8에 작성해 보자.

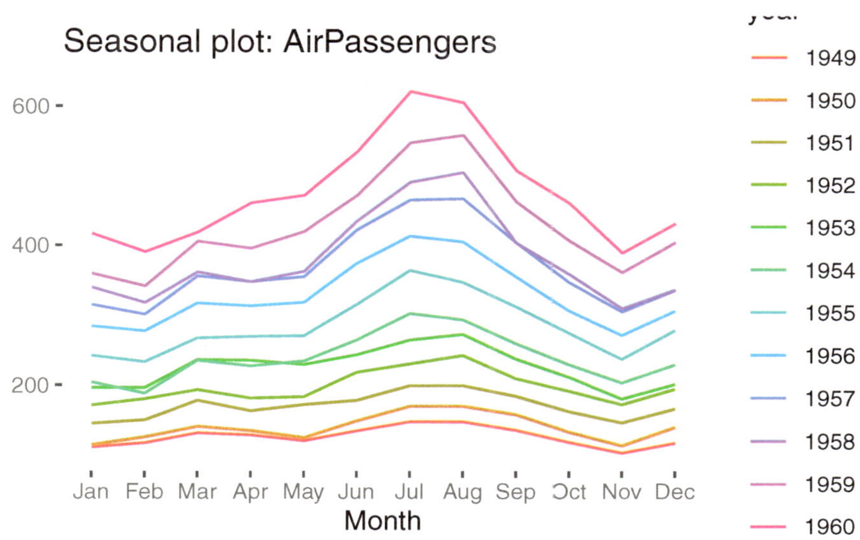

그림 1.7: 함수 `ggseasonalplot()`으로 작성된 seasonal 그래프

```
ggseasonplot(AirPassengers, year.labels = TRUE)
```

연도에 대한 라벨을 왼쪽에도 함께 나타낼 필요가 있다면 옵션 `year.labels.left = TRUE`를 포함시키면 된다. 그래프 양쪽에 연도 범례를 포함시킨 seasonal 그래프를 그림 1.9에 작성해 보자.

```
ggseasonplot(AirPassengers,
             year.labels = TRUE, year.labels.left = TRUE)
```

극좌표 형태를 나타내고자 한다면, 옵션 `polar = TRUE`를 포함시키면 된다. 극좌표 형태의 seasonal 그래프를 그림 1.10에 작성해 보자.

```
ggseasonplot(AirPassengers, polar = TRUE)
```

이번에는 함수 `ggsubseriesplot()`으로 그래프를 그림 1.11에 작성해 보자. 월별로 자료를 구분해서 선 그래프를 작성하고, 파란 선으로 월별 평균을 표시한 그래프이다.

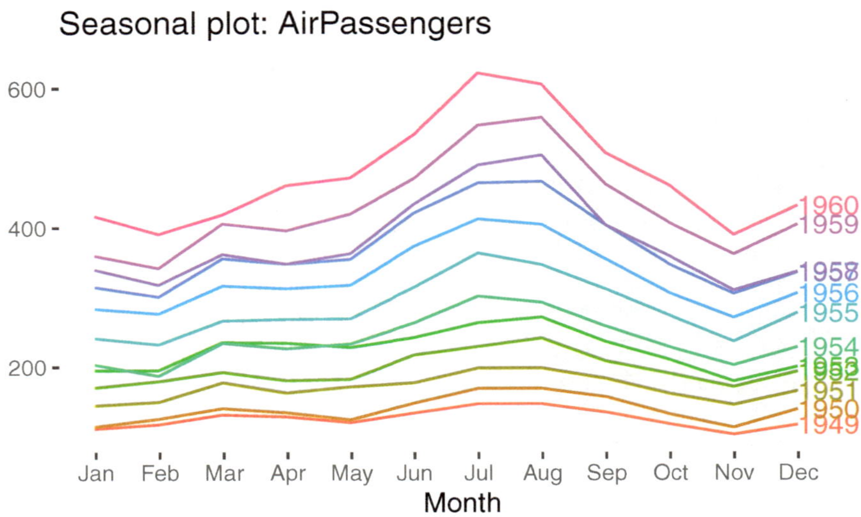

그림 1.8: 함수 `ggseasonalplot()`으로 작성된 seasonal 그래프

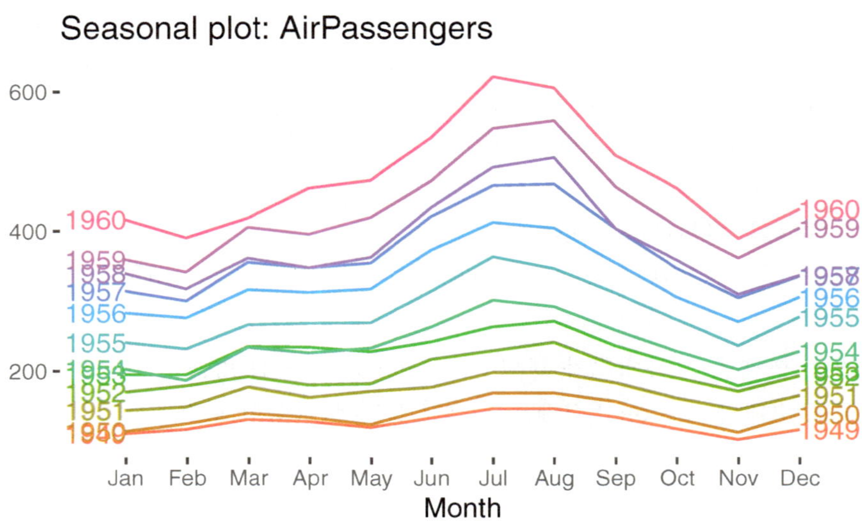

그림 1.9: 함수 `ggseasonalplot()`에서 `year.labels.left = TRUE`를 포함시킨 seasonal 그래프

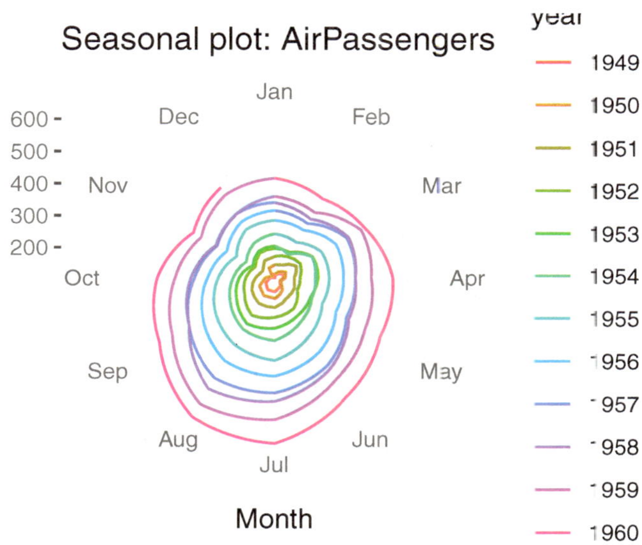

그림 1.10: 함수 `ggseasonalplot()`에서 `polar = TRUE`를 포함시킨 seasonal 그래프

```
ggsubseriesplot(AirPassengers)
```

월별로 구분된 자료를 대상으로 상자그림을 작성해서 보는 것도 의미있는 분석이 될 수 있을 것이다. 상자그림을 작성하기 위해서는 `ts` 객체인 `AirPassengers`를 숫자형 벡터로 변환시키고, 각 자료의 주기를 함수 `cycle()`로 추출해서 요인으로 변환시키는 것이 필요하다. 상자그림으로 계절 요소의 변동을 그림 1.12에 작성해 보자.

```
library(tidyverse)
tibble(AP = as.numeric(AirPassengers),
       mon = as.factor(cycle(AirPassengers))) %>%
  ggplot(aes(x = mon, y = AP)) +
  geom_boxplot() +
  labs(x = "Month", y = "Air Passengers")
```

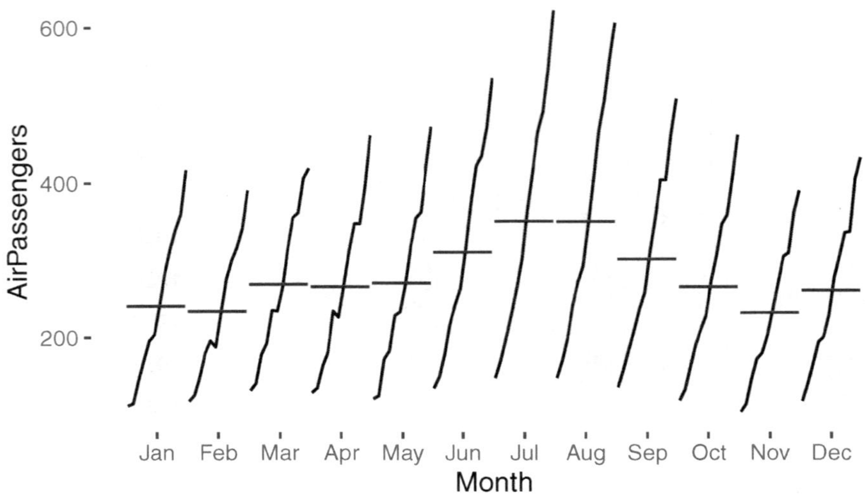

그림 1.11: 함수 `ggsubseriesplot()`으로 작성된 seasonal 그래프

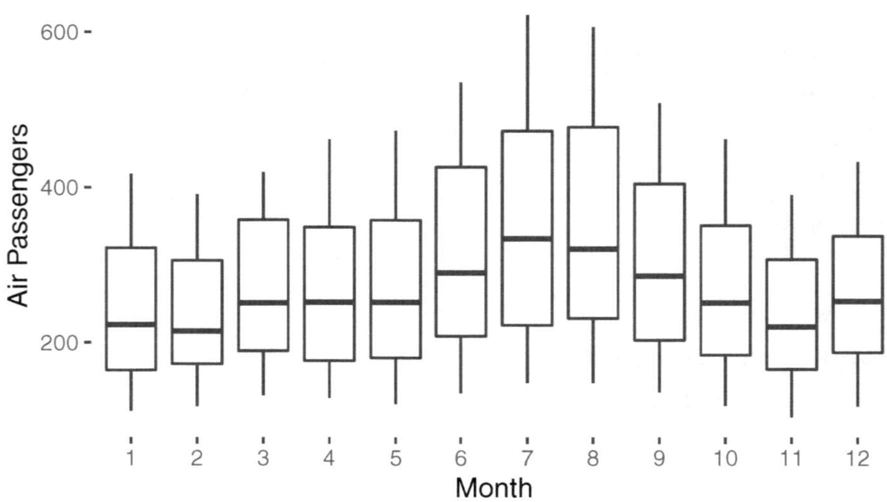

그림 1.12: 상자그림으로 나타낸 계절 변동 요소

제 2 장

시계열 분해

1장에서 우리는 시계열 그래프의 작성 방법을 알아봤다. 시계열 그래프는 시계열자료가 갖고 있는 특성에 따라 매우 다양한 형태를 취하고 있음을 알 수 있는데, 이러한 특성을 명확하게 파악하기 위해서 시계열자료를 몇 가지 성분으로 분해하는 것이 도움이 될 수 있다.

예를 들어 그림 1.1에서 우리는 월별 매출액이 지속적으로 상승하는 패턴이 있는 것을 볼 수 있는데, 이러한 패턴을 추세 성분이라고 한다. 또한 일년을 주기로 동일한 패턴이 반복되는 것도 볼 수 있는데, 이러한 패턴을 계절 성분이라고 한다. 일반적으로 시계열자료은 다음의 네 가지 성분으로 분해해서 살펴보게 된다.

- 추세 성분 : 시간이 흐름에 따라 지속적으로 증가하거나 감소하는 형태의 변동을 의미한다. 그림 1.1와 그림 1.3에서 상승하는 패턴을 볼 수 있다.
- 계절 성분 : 계절 요인에 의한 주기적 변동을 의미한다. 계절 요인이란 말 그대로 1년 단위로 반복되는 계절 또는 1주 단위로 반복되는 요일 등이 되는 것이며, 계절 성분의 경우에는 반드시 고정된 주기가 존재하게 된다. 그림 1.1에서 1년을 주기로 동일한 패턴이 반복되는 것을 볼 수 있다.
- 순환 성분 : 계절 성분과 비슷한 주기적 변동을 의미하지만, 고정되거나 알려진 주기가 있는 것은 아니며, 계절 성분보다 훨씬 긴 주기를 갖고 있다.

- 불규칙 성분 : 추세, 계절 및 순환 성분으로 분류되지 않는 변동을 의미한다.

2.1 시계열 분해 모형

추세, 계절, 순환 및 불규칙 성분이 어떻게 시계열자료를 구성하고 있는지를 나타내는 두 가지 모형이 있다. 첫 번째는 4가지 성분이 서로 더해진 상태를 나타내는 가법 모형이고, 두 번째는 4가지 성분이 서로 곱해진 상태를 나타내는 승법 모형이 있다.

가법 모형은 다음과 같이 나타낼 수 있다.

$$Y_t = T_t + S_t + C_t + I_t \tag{2.1}$$

Y_t는 t 시점에서의 시계열자료이고, T_t는 추세 성분, S_t는 계절 성분, C_t는 순환 성분, 그리고 I_t는 불규칙 성분을 나타낸다.

승법 모형은 다음과 같이 표현된다.

$$Y_t = T_t \times S_t \times C_t \times I_t \tag{2.2}$$

각 성분이 시계열자료에 어떤 영향을 줄 수 있는지 몇 가지 예제 자료에 대한 시계열 그래프를 작성해서 살펴보자. 먼저 그림 2.1는 불규칙 성분만이 있는 경우이다. 불규칙 성분은 어떠한 체계적인 요소가 없는, 단순히 우연적인 요소만이 남아 있는 상태를 의미한다.

그림 2.2는 추세 성분와 불규칙 성분이 함께 있는 시계열자료의 그래프이다. 지속적인 상승 추세가 있는 그래프이다. 상승 추세의 기울기가 점점 증가하고 있음도 알 수 있다.

이번에는 계절 성분과 불규칙 성분이 있는 시계열자료의 그래프인 그림 2.3를 살펴보자. 특별히 증가하거나 감소하는 추세는 없지만 매년 거의 동일한 패턴이 반복되고 있는 것을 알 수 있다.

추세와 계절 성분, 그리고 불규칙 성분이 가법 모형의 형태로 있는 경우에 대한 시계열 그래프인 그림 2.4를 살펴보자. 상승 추세가 있으며, 매년 반복되는

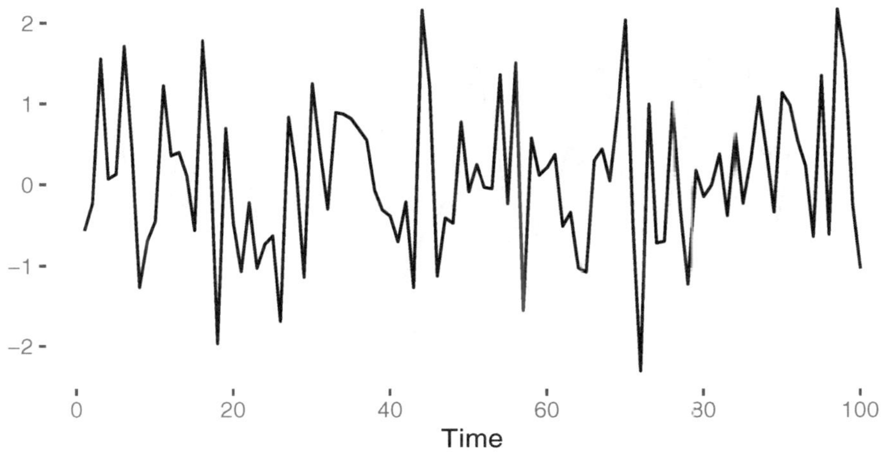

그림 2.1: 불규칙 성분만이 있는 시계열자료

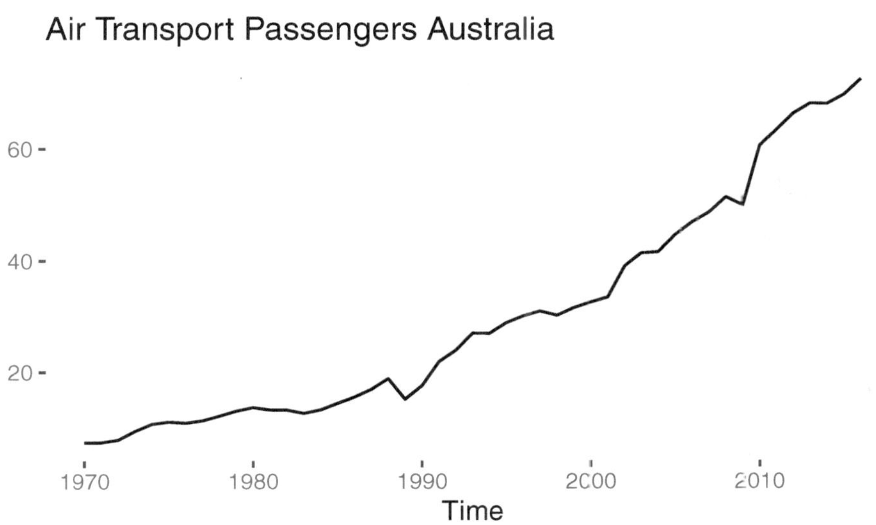

그림 2.2: 추세와 불규칙 성분이 있는 시계열 자료

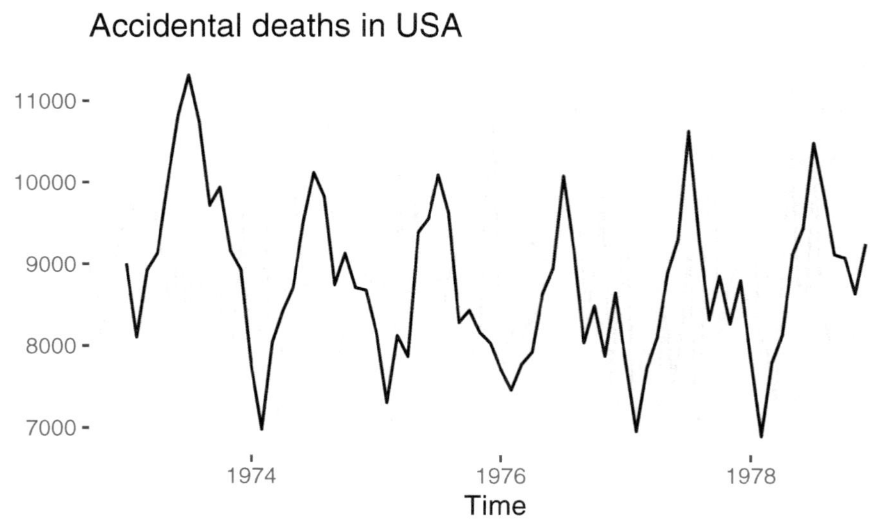

그림 2.3: 계절 성분과 불규칙 성분이 있는 시계열 자료

패턴인 계절 성분이 함께 있는 경우이다. 가법 모형에서는 계절 성분이 추세 성분에 더해진 것을 가정하고 있기 때문에 계절 성분에 의한 변동 폭이 시간의 흐름에 관계 없이 일정하다는 것을 볼 수 있다.

승법 모형에서는 계절 성분이 추세 성분에 곱해진 것을 가정하고 있기 때문에, 만일 상승 추세라면 시간이 흐를수록 변동 폭이 증가하는 현상이 나타날 것이다. 그림 2.5는 승법모형 자료의 시계열 그래프이다.

승법 모형인 $Y_t = T_t \times S_t \times I_t$의 양변에 로그를 취하면 가법 모형의 형태인 $\log Y_t = \log T_t + \log S_t + \log I_t$로 변형되는 것을 알 수 있다. 따라서 그림 2.5의 자료에 로그 변환을 취하면 변동 폭이 일정하게 변환되는 모습을 그림 2.6에서 볼 수 있다.

- 순환 성분

순환 성분은 계절 성분처럼 주기적인 변화이지만, 그 변화가 계절에 의한 것이 아니며, 주기도 계절 성분보다 훨씬 긴 변동이다. 또한 주기가 정확하게 주어지지 않은 경우가 대부분이고, 따라서 주기의 예측이 필요한 성분이라 하겠다.

뚜렷한 순환성분이 있는 시계열자료의 그래프를 살펴보자. 그림 2.7의 그래프는 1749년부터 1983년까지 월별 태양 흑점 수 자료에 대한 시계열 그래프이다.

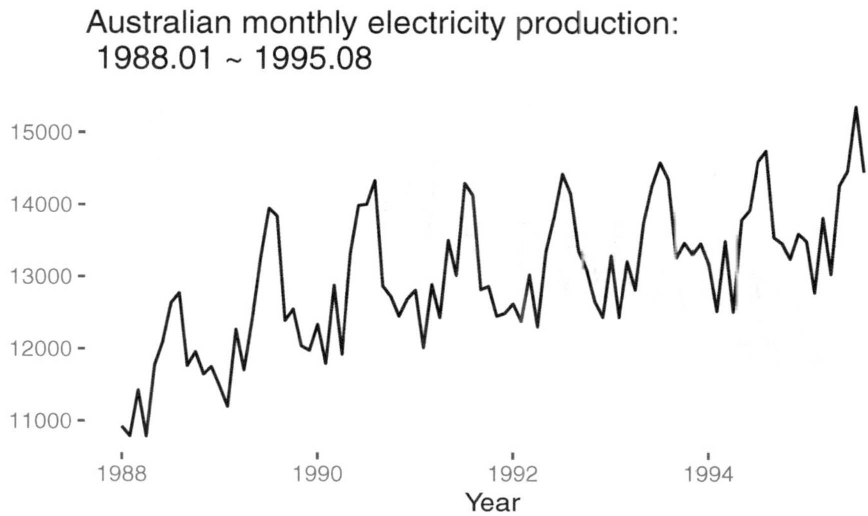

그림 2.4: 가법 모형의 시계열 자료

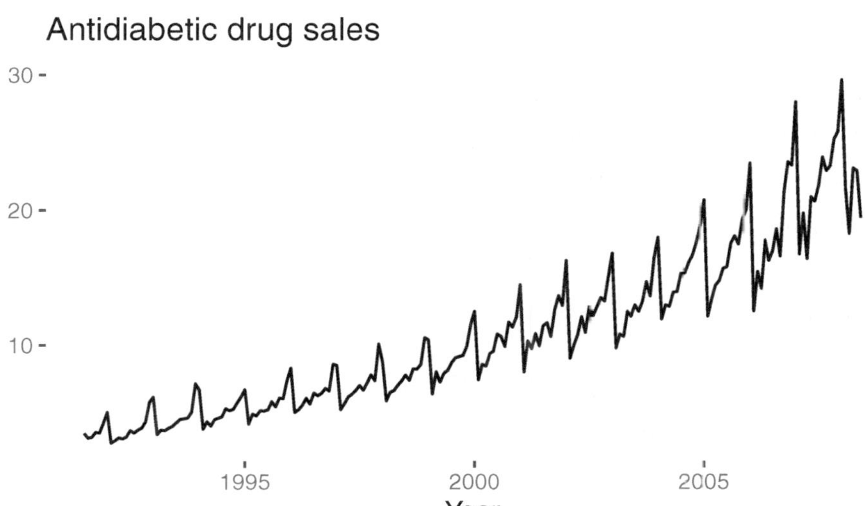

그림 2.5: 승법 모형의 시계열 자료

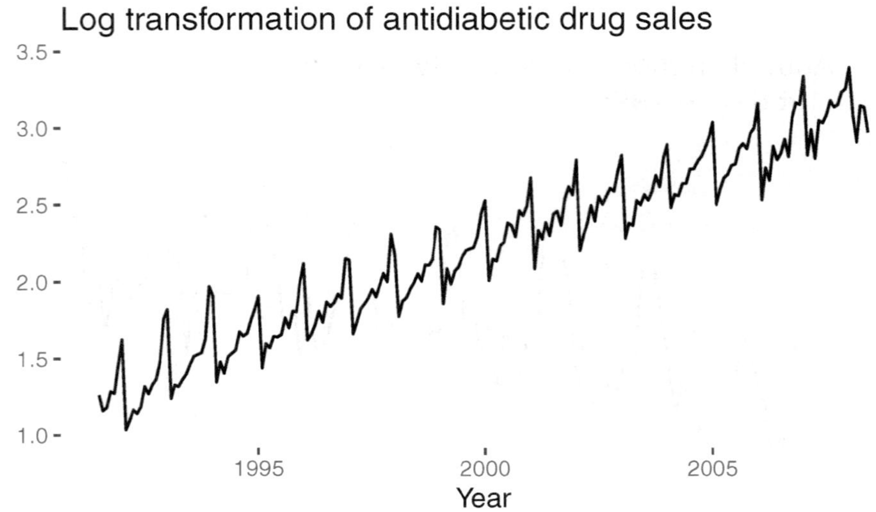

그림 2.6: 로그 변환으로 변동 폭이 일정해진 시계열 자료

여러 개의 주기가 함께 있다는 것을 알 수 있으며, 정확한 주기 예측이 매우 어려워 보이는 자료이다.

그림 2.8의 그래프는 1973년 1월부터 1995년 11월까지 미국에서 거래된 1인 가구 주택 월별 매매 건수이다. 1년 단위의 고정된 주기로 비슷한 패턴이 반복되고 있는 것을 볼 수 있는데, 이것은 계절 성분에 의한 변동이다. 또한 일정하지 않은 긴 주기로 비슷한 등락 패턴이 반복되고 있는 것을 볼 수 있는데, 이것이 순환 성분에 의한 변동이라고 할 수 있다. 하지만 이 변동을 등락이 반복되고 있는 추세 성분으로 이해한다면 굳이 주기를 예측할 필요 없이 조금 더 편하게 분석을 할 수 있을 것이다.

순환 성분의 주기를 예측하는 것은 이 책의 수준을 넘어서는 상당히 어려운 작업이라 할 수 있다. 따라서 순환 성분을 개별적으로 분류해서 추정하지 않고, 추세 성분과 합쳐서 하나의 성분으로 보는 것이 좋을 것으로 보인다. 이러한 접근 방식은 일반적으로 많이 이루어지는 분석 방식이라고 할 수 있으며, 앞으로 이 책에서는 추세 성분에 순환 성분이 포함되어 있다고 가정하겠다. 이런 이유로 해서 가법 모형은 $Y_t = T_t + S_t + I_t$ 으로, 승법 모형은 $Y_t = T_t \times S_t \times I_t$ 으로 표현을 하겠다.

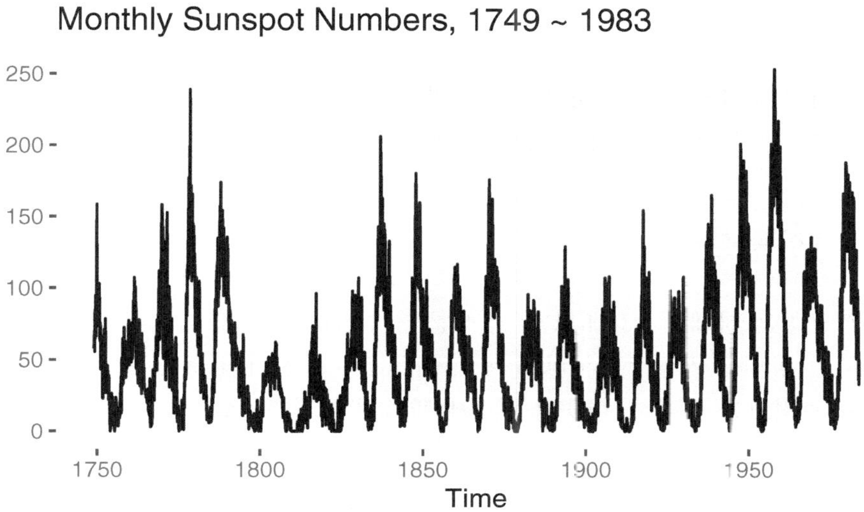

그림 2.7: 월별 태양 흑점 수: 1749 ~ 1983

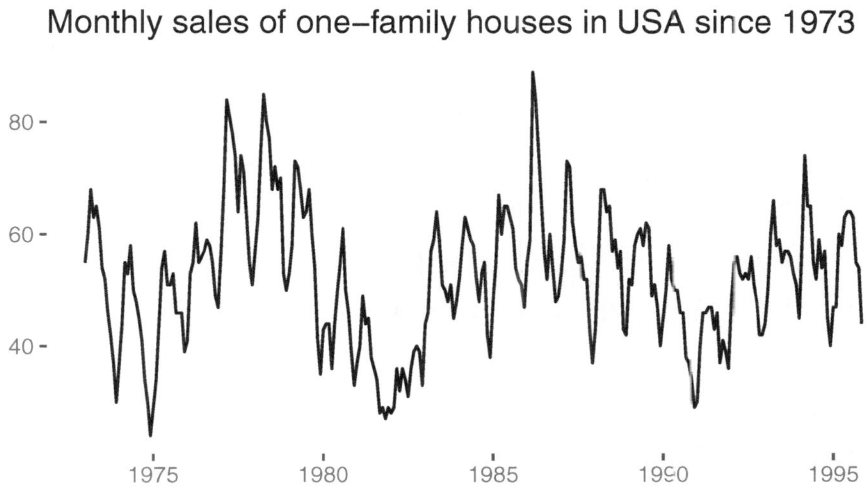

그림 2.8: 1인 가구 주택 매매 건수

2.2 전통적 시계열 분해 기법

1920년대에 개발된 기법으로써 이동평균법을 활용한 방법이다. 비교적 단순한 방법이어서 최근에는 많이 사용되고 있지는 않지만, 다른 많은 기법의 기초가 되고 있다. 먼저 이동평균법에 대하여 알아보도록 하자.

2.2.1 이동평균법

이동평균법은 시계열자료에서 추세 성분을 추정하기 위해 개발된 기법이다. 기본적인 방법은 시점 t에서의 추세 성분을 $t \pm k$ 시차에 있는 자료의 평균값으로 추정하는 것이다. 비슷한 시점에 관측된 시계열자료는 그 값들이 크게 차이나지 않을 것으로 예상할 수 있는데, 이렇게 유사한 자료의 평균을 계산하면, 개별 자료에 포함된 약간의 불규칙 성분이 제거되는 효과를 볼 수 있다. 따라서 이동평균법으로 비교적 매끄러운 추세 성분을 추정할 수 있을 것이다.

m차 이동평균법 또는 m-MA는 다음과 같이 표현된다.

$$\hat{T}_t = \frac{1}{n} \sum_{i=-k}^{k} Y_{t+i} \tag{2.3}$$

단, $m = 2k + 1$이다. 따라서 이 표현식은 차수 m이 홀수인 m-MA에만 적용된다고 하겠다. 예를 들어 1989년부터 2008년까지 호주 남부 지역의 연간 전기 사용량 자료인 `fpp2::elecsales`에 5-MA를 적용해서 결과를 표 2.1에 산출해 보자.

5차 이동평균법이 적용된 결과가 세 번째 열에 나타나 있다. $m = 5$이므로 $k = 2$가 되며, 처음과 마지막 k개 자료는 `NA`가 됨을 알 수 있다.

흔히 적용되는 홀수차 이동평균법의 예제로는 코로나 19 일일 감염 환자 수를 생각할 수 있다. 이 자료에 $m = 7$의 이동평균법을 적용하면, 주간 계절 성분(weekly seasonality)이 제거된 추세 성분을 추정할 수 있게 된다.

계절 주기가 짝수인 월별 자료나 분기별 자료에 이동평균법을 적용시킨다면 차수 m을 짝수로 지정해야 할 것이다. 즉, 월별 자료에는 $m = 12$, 분기별 자료에는 $m = 4$를 적용해야 하는데, 짝수 차수 이동평균법의 문제는 평균 계산에 사용되는 자료가 시점 t를 중심으로 좌우 대칭이 될 수 없다는 점이다.

표 2.1: 5-MA 적용 결과

Year	Sales	5-MA
1989	2354.34	NA
1990	2379.71	NA
1991	2318.52	2381.530
1992	2468.99	2424.556
1993	2386.09	2463.758
1994	2569.47	2552.598
1995	2575.72	2627.700
1996	2762.72	2750.622
1997	2844.50	2858.348
1998	3000.70	3014.704
1999	3108.10	3077.300
2000	3357.50	3144.520
2001	3075.70	3188.700
2002	3180.60	3202.320
2003	3221.60	3216.940
2004	3176.20	3307.296
2005	3430.60	3398.754
2006	3527.48	3485.434
2007	3637.89	NA
2008	3655.00	NA

좌우 비대칭 문제를 해결하는 방법은 짝수 차수 이동평균법의 결과에 다시 2차 이동평균법을 적용시키는 것이다. 따라서 m이 짝수인 경우에는 m-MA가 아닌 $2 \times m$-MA를 사용하는 것이다.

이동평균법을 계산하는 함수는 `forecast::ma()`이고, 사용법은 `ma(x, order, centre = TRUE)`이다. `x`는 시계열자료이고, `order`는 이동평균의 차수, 그리고 `centre`는 `order`가 짝수인 경우에 'centered MA', 즉 $2 \times m$-MA의 적용 여부이며, `TRUE`가 디폴트이다.

- 차수 m의 효과

이동평균법의 차수를 증가시키면, 더 많은 자료를 이용해서 평균값을 계산하게 되고, 따라서 더 매끄러운 추세 곡선을 얻게 된다. `elecsales`에 m-MA를 적용시켜 얻은 결과를 원자료와 함께 그래프로 나타내 보자. 우선 3-MA의 결과를 그림 2.9에 나타내 보자.

```
autoplot(elecsales, series = "Data") +
  autolayer(ma(elecsales, 3), series = "3-MA") +
  scale_color_manual(values = c("Data" = "blue",
                                "3-MA" = "red")) +
  labs(title = "3-MA", color = NULL, y = NULL)
```

3-MA의 결과는 원자료보다 매끄로운 형태를 보이고 있음을 알 수 있다. 이제 차수 m을 증가시키면 어떤 결과를 얻게 되는지 그림 2.10에서 살펴보자.

이번에는 호주에서 1956년부터 2010년까지 분기별 맥주 생산량 자료인 `ausbeer`에 대하여 $2 \times m$-MA를 적용한 결과를 원자료와 함께 그림 2.11의 그래프로 나타내 보자.

2.2.2 전통적 분해 기법

전통적 분해 기법은 가법 모형과 승법 모형 모두에 대해 적용이 가능한 기법이다. 추세 성분은 이동평균법으로 추정을 하고, 계절 성분은 전체 구간 동안 일정하다고 가정하고 있다.

가법 모형($Y_t = T_t + S_t + I_t$)에 적용되는 분해 방법은 다음과 같다.

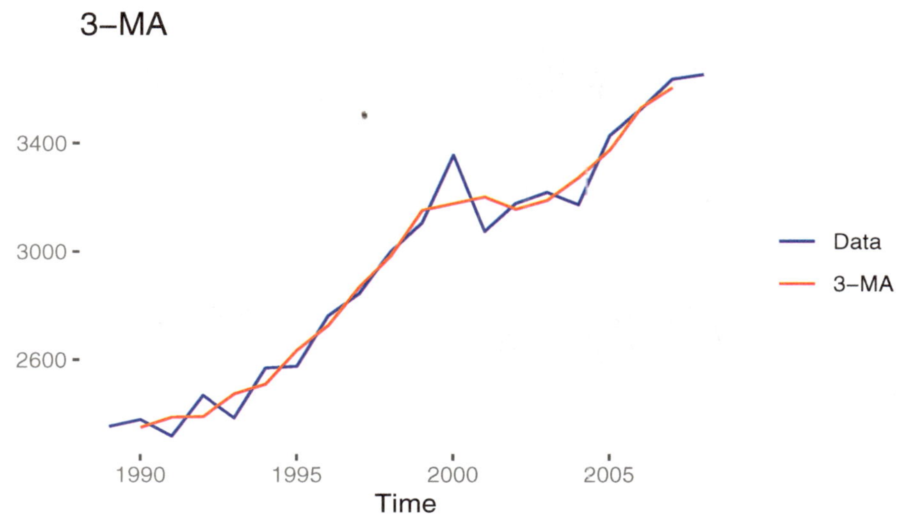

그림 2.9: `elecsales`에 3-MA를 적용한 결과

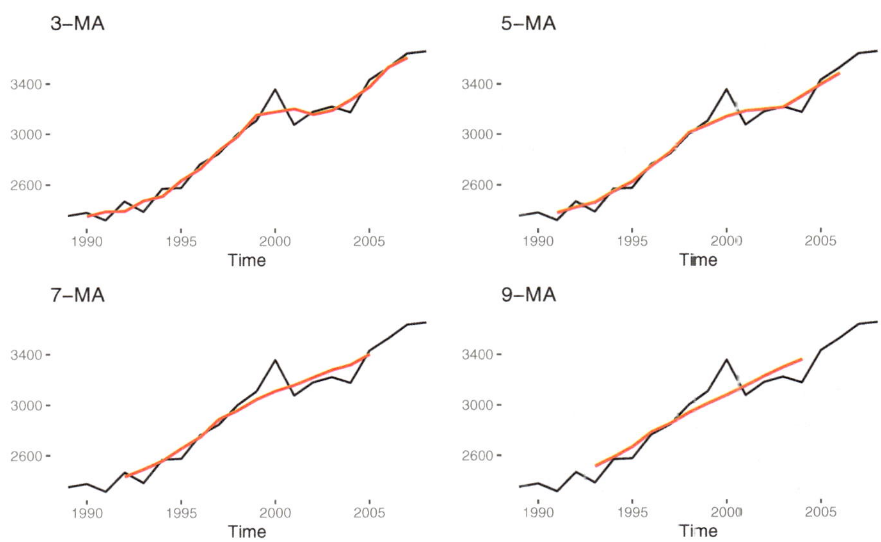

그림 2.10: elecsales 자료에 대한 차수 m의 효과

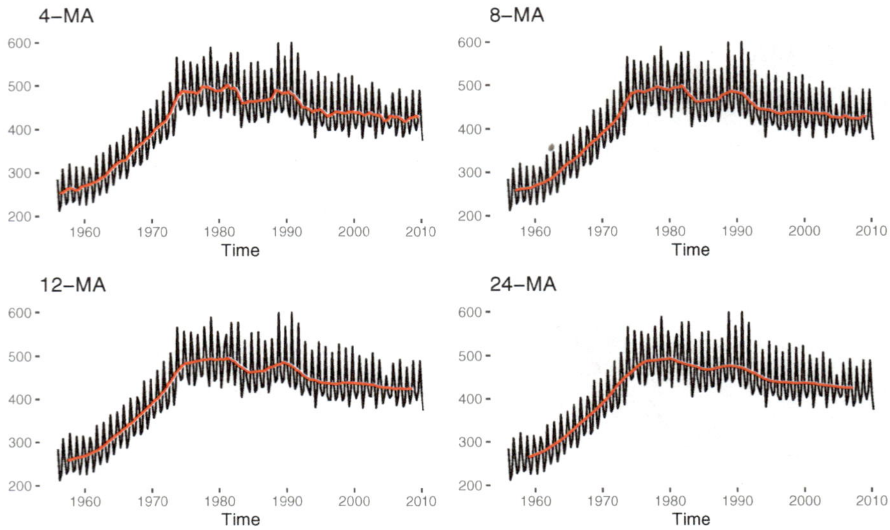

그림 2.11: `ausbeer` 자료에 대한 차수 m의 효과

- 추세 성분: 차수가 홀수이면 m-MA를 적용하고, 짝수이면 $2 \times m$-MA를 적용하여 $\hat{T}_t$를 계산한다.
- 계절 성분: 추정된 추세 성분이 제거된 자료$(Y_t - \hat{T}_t)$를 대상으로 계절 요소별 평균값으로 $\hat{S}_t$를 계산한다. 예를 들어, 월별 자료의 1월에 대한 계절 성분의 추정 값은 추세 성분이 제거된 자료의 모든 1월 자료의 평균값이 된다. $\hat{S}_t$는 합은 0이 되도록 조정한다.
- 불규칙 성분: 시계열자료에서 추세 및 계절 성분의 추정 값을 빼서 계산한다. 즉, $\hat{I}_t = Y_t - \hat{T}_t - \hat{S}_t$가 된다.

승법 모형에 대한 분해는 가법 모형에서와 동일하다. 다만, 추정된 성분을 제거할 때 뺄셈이 아닌 나눗셈을 사용하면 된다.

전통적 분해 기법이 많이 사용되지 않는 이유 중 하나는 이동평균법의 특성으로 인하여 처음과 마지막 k개 시점에 대한 추세 성분을 추정할 수 없다는 것이다. 또한 계절 성분이 항상 일정하다는 가정이 전체 기간이 짧은 단기 시계열의 경우에는 문제가 없겠지만, 장기 시계열자료에 대해서는 적용하기 어려운 가정일 수 있기 때문이다.

전통적 분해 기법은 함수 `decompose()`로 할 수 있으며, 사용법은 `decompose(x, type = c("additive", "multiplicative"))`이다. `x`는 시계열자료이고, `type`은 가법모형과 승법모형을 지정하는 것이며, 디폴트는 가법 모형이다.
예를 들어 월별 자료인 `fpp2::elecequip`을 대상으로 전통적 분해 기법을 적용해 보자. 함수 `decompose()`의 결과를 함수 `autoplot()`에 입력시키면 분해된 각 성분을 그림 2.12과 같이 나타낸다.

```
decompose(elecequip) %>%
  autoplot()
```

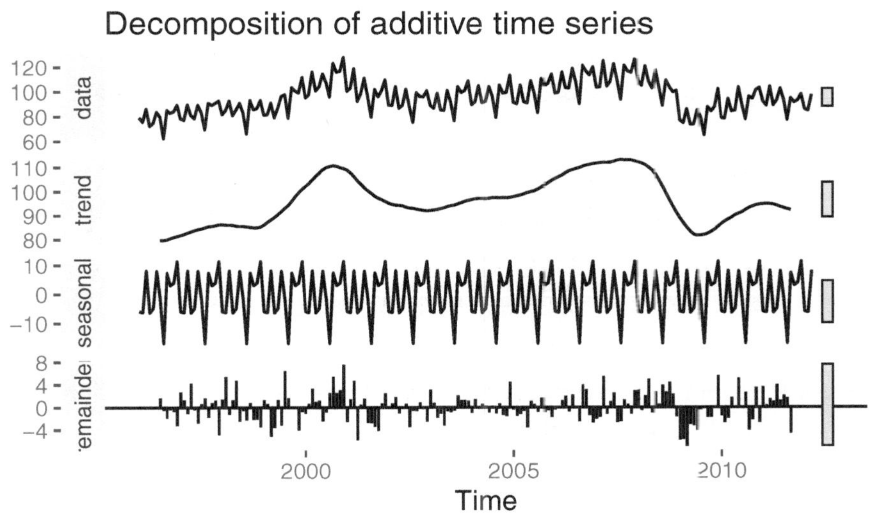

그림 2.12: `elecequip` 자료에 대한 전통적 분해 기법 적용 결과

각 패널의 오른쪽 끝에 높이가 동일한 막대를 배치하여, 각 성분의 상대적 크기를 쉽게 확인할 수 있게 하였다. 불규칙 성분이 표시된 마지막 패널의 막대가 가장 크다는 것은 불규칙 성분의 크기가 가장 작다는 의미가 된다. 또한 추세 성분의 처음과 마지막 6개월 자료는 `NA`가 되기 대문에 해당 기간에는 결과가 표시 되지 않았음을 알 수 있으고, 계절 성분이 동일한 형태를 취하고 있음도 확인할 수 있다.

2.3 STL 분해 기법

STL은 "Seasonal and Trend decomposition using Loess"를 줄인 것이며, loess는 "local regression"을 의미한다. Local regression이란 비모수 회귀모형으로 분류되는 분석 방법으로써 변수들 사이에 존재하는 관계를 추정하는 기법이다. 선형회귀모형에서는 두 변수 사이에 선형 관계 ($Y = \beta_0 + \beta_1 X + \varepsilon$)가 있다고 가정하고 전체 자료를 모두 사용하여 모수 β_0와 β_1을 추정함으로써, 두 변수의 관계를 설명하는데 반하여, 비모수 회귀모형에서는 두 변수 사이에 어떤 관계도 가정하지 않고, $(t-\delta, t+\delta)$에 속한 자료만을 대상으로 일종의 가중 회귀모형으로 t 시점에서 두 변수 사이의 관계를 추정하고 있다. 다양한 비모수 회귀모형 중에서 local regression은 매우 좋은 특성을 보이는 방법으로 알려져 있다.

STL 분해 기법은 함수 `stl()`로 할 수 있으며, 기본 사용법은 `stl(x, s.window, t.window, robust = FALSE)`이다. `x`는 시계열자료이고, `s.window`는 계절 성분을 추정하기 위한 loess 구간을 설정하는 것이며, `t.window`는 추세 성분을 추정하기 위한 loess 구간을 설정하는 것이다. `s.window`에는 디폴트 값이 지정되어 있지 않기 때문에 `"periodic"` 또는 홀수 중 하나를 반드시 지정해야 한다. `"periodic"`을 지정하면 매년 동일한 계절 성분이 추정되며, 작은 홀수 값을 지정하면 시점에 따라 다른 형태의 계절 성분이 추정될 수 있다.
`t.window`에는 홀수를 지정하거나, `s.window`에 지정된 값으로 계산되는 디폴트 값을 사용할 수 있다. `robust`는 이상값에 영향을 덜 받는 방법의 적용 여부를 선택하는 것이며, `FALSE`가 디폴트이다.

월별 자료인 `fpp2::elecequip`을 대상으로 STL 분해 기법을 적용해 보자. 함수 `stl()`의 결과를 함수 `autoplot()`에 입력하면 분해된 각 성분이 그래프로 나타난다. 먼저 `s.window`의 값이 계절 성분의 추정 결과에 미치는 효과를 그림 2.13에서 살펴보자. `s.window`에 `"periodic"`을 지정한 경우에는 매년 동일한 계절 성분이 추정된 것을 볼 수 있고, `s.window`에 5를 지정한 경우에는 계절 성분이 시간의 흐름에 따라 조금 다르게 추정된 것을 알 수 있다.

이번에는 `t.window`의 값이 추세 성분 추정에 미치는 영향을 살펴보자. 작은 값을 지정할수록 추세 성분에 더 큰 변동이 있게 된다는 것을 그림 2.14에서 알 수 있다.

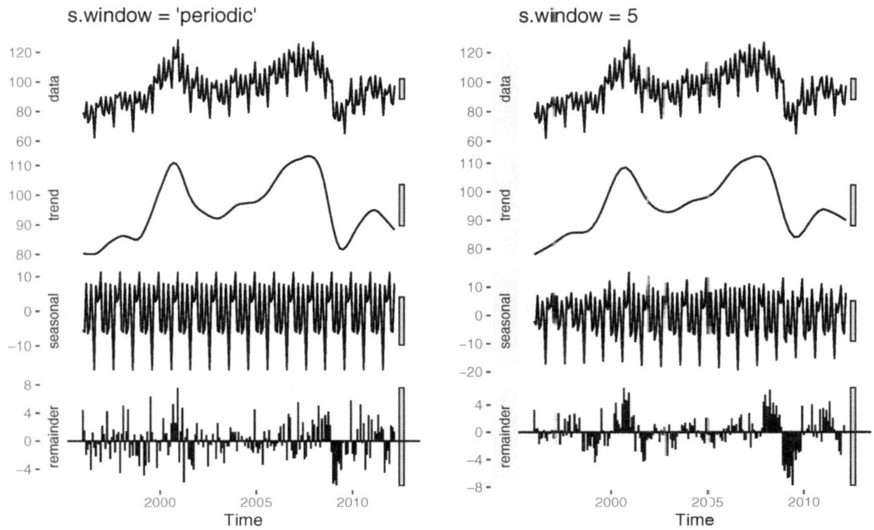

그림 2.13: `elecequip` 자료에 대한 STL 분해 기법 적용 결과: `s.window`의 효과

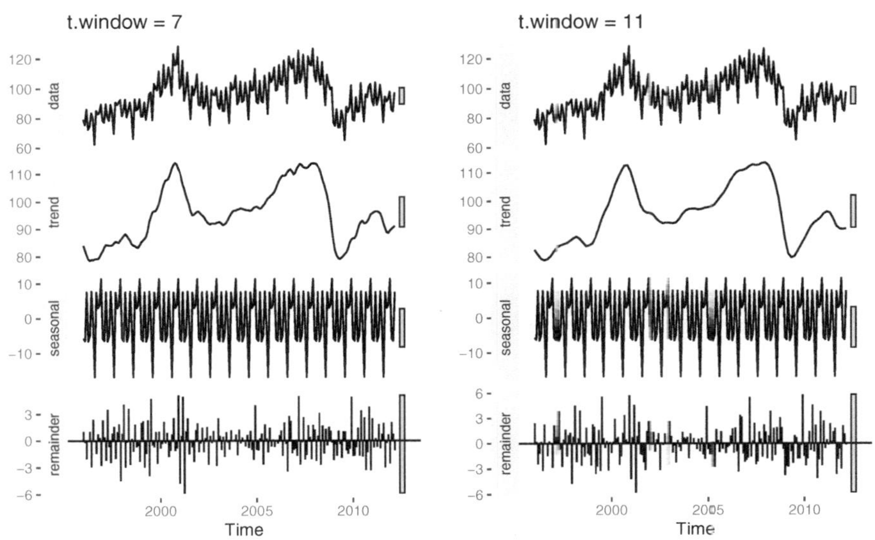

그림 2.14: `elecequip` 자료에 대한 STL 분해 기법 적용 결과: `t.window`의 효과

제 3 장

ETS 모형

지수평활법 (Exponential smoothing)은 1950년대에 개발된 예측 기법이다. 단순하지만 나름 상당히 효과적인 예측이 가능한 기법으로 알려져 있다. 기본적인 예측 방식은 과거 자료의 가중평균을 이용하는 것인데, 예측 시점에서 멀어질수록 가중값이 지수적으로 감소하는 형식을 취하고 있다.

전통적인 지수평활법은 시계열자료에 추세 또는 계절 성분이 포함되어 있는지 여부를 사용자가 결정하고, 그 결과에 따라 가장 적합한 방법을 선택해야 한다. 추세와 계절 성분이 모두 없다고 판단되면 simple exponential smoothing을, 추세 성분이 있다고 본다면 Holt's linear trend method를, 추세 및 계절 성분이 모두 있다고 본다면 Holt-Winter's seasonal method를 선택해야 한다. 그런데 시계열자료 중에는 각 성분의 포함 여부가 명확하게 구분되지 않는 경우가 많이 있을 수 있으며, 따라서 사용자가 주관적인 기준으로 모형을 선택해야 하는 상황이 종종 발생하게 된다.

전통적인 지수평활법에 오차모형을 도입하여 통계적 모형으로 확장한 모형이 최근들어 제시되었다. ETS 모형이라고 불리는 이 모형은 전통적 지수평활법의 한계를 확실하게 극복한 새로운 통계적 모형으로써 최근에 가장 많이 사용되고 있는 예측 모형 중 하나이다.

ETS 모형을 시작으로 우리는 앞으로 다양한 시계열 예측 모형을 살펴볼 것이다. 각 예측 모형의 원리와 작동 방식 및 실제 적용 방법 등을 자세히 알아볼 것인데, 더 먼저 살펴봐야 하는 것은 예측모형의 평가 방법이다. 실제 상황에서 우리는 주어진 시계열자료에 대하여 다양한 예측모형을 사용하여 예측을 실시하게 된다. 문제는 예측모형이 다르면 예측 결과도 당연히 다르게 되는데, 그 중 어떤 것이 최선의 예측인지 선택해야 한다는 것이다.

3.1 예측 모형의 평가

미래 시점에 대한 예측 결과의 평가는 시간이 흘러 해당 시점에 대한 관측이 이루어져야 정확하게 이루어질 수 있지만, 이것에 준하는 현실적인 방안이 필요하다고 하겠다. 예측 모형의 평가에 사용되는 가장 일반적인 방법은 전체 자료를 training data와 test data로 분리해서, training data만으로 예측 모형을 적합하고 test data에 대한 예측을 실시하고 평가하는 것이다.

시계열자료는 자료의 순서가 그대로 유지되어야 하는 구조이기 때문에, $y_1, \ldots, y_T$를 training data로 사용하고, $y_{T+1}, y_{T+2}, \ldots$를 test data로 설정하게 된다. Test data의 크기는 대략 전체 자료의 20% 정도로 선택하는 것이 일반적이지만, 자료의 전체 크기나 예측 시차 `h` 등을 고려해서 사용자가 결정해야 한다.

Training data $(y_1, \ldots, y_T)$는 모수 추정 등을 통한 예측 모형의 적합에 사용되는 자료이며, 적합값 $(\hat{y}_t)$와 관측값 (y_t)의 차이가 잔차 $(e_t = y_t - \hat{y}_t)$, $t = 1, \ldots, T$ 가 된다. Training data에 적합이 잘되는 예측 모형이라면 전체적으로 잔차의 값이 작을 텐데, 그렇다고 해서 test data에 대한 예측도 반드시 잘된다는 것을 의미하지는 않는다. 오히려 training data에 대해 너무 완벽하게 적합이 잘되는 모형은 overfitting된 모형일 가능성이 높고, 그렇다면 전혀 새로운 test data에 대해서는 예측이 매우 좋지 않을 수 있다.

Test data $(y_{T+1}, y_{T+2}, \ldots)$는 예측 모형의 예측력을 평가하기 위해 남겨 놓은 자료이다. 예측의 정확도는 예측 오차 $(e_{T+h} = y_{T+h} - \hat{y}_{T+h},\ \ h = 1, 2, 3, \ldots)$를 대상으로 평가 측도를 계산함으로써 평가할 수 있는데, 우선 생각할 수 있는 측도에는 예측 오차의 평균적인 크기를 계산하는 것이다.

- MAE (Mean Absolute Error) : $mean(\ |e_t|\ )$
- RMSE (Root Mean Squared Error) : $\sqrt{mean(e_t^2)}$

MAE와 RMSE는 보편적으로 많이 사용되는 평가 측도이다. 다만, 자료의 스케일에 영향을 받는 측도이어서, 단위가 서로 다른 자료를 대상으로 하는 예측 비교에는 사용할 수 없다.

자료의 스케일에 영향을 받지 않는 측도로써 퍼센트 오차를 생각할 수 있다.

- MAPE (Mean Absolute Percentage Error) : $mean(|100 \times \frac{e_t}{y_t}|)$

MAPE는 자료의 단위에 관계 없이 비교가 가능하다는 장점이 있으나, 개별 자료값이 측도의 분모로 들어가기 때문에 0 또는 0에 가까운 값이 있는 자료에는 사용하기 어려운 문제가 있다.

오차 크기를 상대화 시키는 기준으로 training data에 대한 naive forecast ($\hat{y}_{t+1} = y_t$)의 MAE를 사용하는 것이 좋은 방법이 될 수 있다.

- MASE (Mean Absolute Scaled Error) : $mean(|\frac{e_t}{E}|)$, 단, $E = \frac{1}{T-1}\sum_{t=2}^{T}|y_t - y_{t-1}|$

MASE는 자료의 스케일에 영향을 받지 않는 측도이고, MAPE가 갖고 있는 문제도 없는 측도이다. MASE가 1보다 값이 크다면, training data를 대상으로 계산된 naive forecast보다 예측력이 떨어진다는 의미가 된다.

예측 오차의 다양한 평가 측도의 계산은 함수 `forecast::accuracy()`로 할 수 있다. 자세한 사용법은 예제와 함께 살펴보겠다.

3.2 전통적 지수평활법

전통적 지수평활법에는 simple exponential smmothing과 Holt's trend method, 그리고 Holt-Winter's seasonal method가 있다. 각 방법의 기본 개념과 실행 방법 등을 살펴보도록 하자.

3.2.1 Simple exponential smoothing

명확한 추세나 계절 성분은 없으며 국지적으로는 자료의 평균수준 (level)이 일정하지만, 전체적으로는 평균수준에 변화가 있는 시계열자료의 예측에 적합한 평활 기법이다.

Simple exponential smoothing에서는 주어진 시계열자료 $y_1, \dots, y_t$를 이용한 $(t+1)$ 시점에 대한 1-시차 후 예측값 $\hat{y}_{t+1|t}$을 다음과 같이 계산한다.

$$\hat{y}_{t+1|t} = \alpha y_t + \alpha(1-\alpha)y_{t-1} + \alpha(1-\alpha)^2 y_{t-2} + \cdots \tag{3.1}$$

단, $0 \leq \alpha \leq 1$는 평활상수이다.

식 (3.1)에 표현된 simple exponential smoothing에 의한 1-시차 후 예측값은 기본적으로 과거 자료의 가중 평균이다. 또한 가중값은 시점 t에서 멀어질수록, 즉 더 먼 과거 자료일수록 지수적으로 감소한다는 것도 알 수 있다. 평활상수 α의 역할은 가중값의 감소 정도를 조절하는 것으로써, 값이 작아질수록 과거 자료에 더 큰 비중을 두게 되지만, 1에 가까운 큰 값을 갖게 되면 예측값 계산에 최근 관찰값의 정보를 주로 사용하게 된다.

식 (3.1)은 다른 형태로 다시 표현할 수 있는데, 우선 다음과 같이 y_t와 $\hat{y}_{t|t-1}$의 가중 평균으로 표현될 수 있다.

$$\hat{y}_{t+1|t} = \alpha y_t + (1-\alpha)\hat{y}_{t|t-1} \tag{3.2}$$

Simple exponential smoothing은 추세와 계절 성분은 없고, 단지 국지적으로 일정한 평균수준 (level)만이 있는 모형이다. 따라서 식 (3.2)는 다음과 같이 모형 추정식과 예측식으로 구분해서 표현할 수 있다.

- `h` 시차 후 예측값 추정식

$$\hat{y}_{t+h|t} = l_t \tag{3.3}$$

- 평균수준 추정식

$$l_t = \alpha y_y + (1-\alpha)l_{t-1} \tag{3.4}$$

단, l_t는 t 시점에서의 평균수준이고, α는 평균수준에 대한 평활상수이다.

Simple exponential smoothing을 실시하기 위한 함수는 `forecast::ses()`이며, 사용법은 다음과 같다.

```
ses(y, h = 10, level = c(80, 95))
```

`y`에는 숫자형 벡터이거나 `ts` 개체를 지정하고, `h`는 예측 시차를 지정하는 것으로써 10 시차까지의 예측이 디폴트이다. `level`은 예측구간에 대한 신뢰계수를 지정하는 것인데, 전통적 지수평활법으로는 예측구간을 계산할 수 없기 때문에, 3.3절에서 소개되는 ETS 모형 중 simple exponential smoothing에 대응되는 모형으로 계산한다.

- 예제: `fpp2::oil`

`fpp2::oil`은 1965년부터 2013년까지 Saudi Arabia의 연간 원유 생산량 자료이다. 1996년 이후 자료에 대해 simple exponential smoothing을 적용해 보자.

```
library(fpp2)
oil_1996 <- window(oil, start = 1996)
```

1996년 이후 연간 원유 생산량 자료의 시계열 그래프를 그림 3.1에 작성해 보자.

```
autoplot(oil_1996) +
  labs(title = "Annual oil production in Saudi Arabia",
       y = NULL)
```

함수 `ses()`를 사용하여 2014년 ~ 2016년의 원유 생산량을 예측해 보자.

```
ses(oil_1996, h = 3) %>%
  summary()
```

```
##
## Forecast method: Simple exponential smoothing
##
```

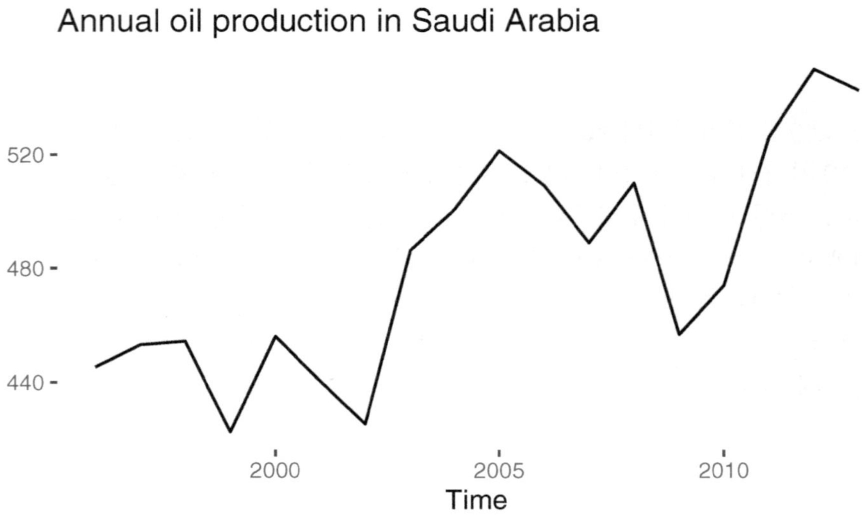

그림 3.1: 1996년 이후 Saudi Arabia 연간 원유 생산량

```
## Model Information:
## Simple exponential smoothing
##
## Call:
##  ses(y = oil_1996, h = 3)
##
##   Smoothing parameters:
##     alpha = 0.8339
##
##   Initial states:
##     l = 446.5868
##
##   sigma:  29.8282
##
##      AIC     AICc      BIC
## 178.1430 179.8573 180.8141
##
## Error measures:
```

```
##                       ME     RMSE     MAE      MPE     MAPE
## Training set 6.401975 28.12234 22.2587 1.097574 4.610635
##                     MASE        ACF1
## Training set 0.9256774 -0.03377748
##
## Forecasts:
##      Point Forecast    Lo 80    Hi 80    Lo 95    Hi 95
## 2014       542.6806 504.4541 580.9070 484.2183 601.1429
## 2015       542.6806 492.9073 592.4539 466.5589 618.8023
## 2016       542.6806 483.5747 601.7864 452.2860 633.0752
```

Level에 대한 평활상수가 $\alpha = 0.8339$으로 추정되었다는 것은 level에 큰 변화가 있는 자료를 의미한다. 이제 예측 결과를 그림 3.2의 그래프로 나타내 보자.

```
ses(oil_1996, h = 3) %>%
  autoplot() +
  labs(y = NULL)
```

파란 실선으로 표시된 예측값은 마지막 level 추정값으로써, 모든 `h`에 대하여 동일하다는 것을 알 수 있다. 예측값을 표시한 실선을 포함하고 있는 짙은 파란 색 영역은 80% 예측 구간을 표시한 것이고, 옅은 파란 색 영역은 95% 예측 구간을 표시한 것이다. 예측 시차가 증가함에 따라 예측 구간의 폭은 계속 넓어지고 있음을 알 수 있다.

3.2.2 Trend method

추세 성분이 있는 시계열자료의 예측에 적합한 평활기법이며, 두 가지 방식이 주로 사용된다. 먼저 Holt's linear trend method는 일정한 추세가 계속 유지된다는 가정에서 예측을 실시하는 기법이다. 단기 예측에서는 큰 문제가 없겠지만, 장기 예측에서는 over-forecast의 가능성이 있다. 두 번째는 Damped Holt's trend method인데, 여기에서는 추세를 항상 일정하게 두지 않고, 추세의

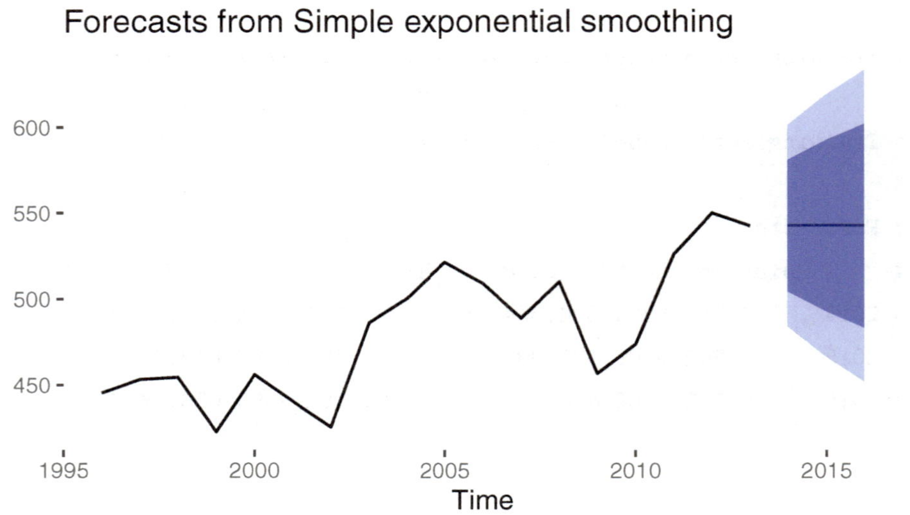

그림 3.2: 1996년 이후 Saudi Arabia 연간 원유 생산량 및 2014년 이후 예측 결과

기울기가 점차 감소한다는 가정에서 예측을 실시한다. 많은 경우에 성공적인 예측 결과를 보이고 있는 기법으로 알려져 있다.

1) Holt's linear trend method

모형을 구성하고 있는 성분은 level 부분과 trend 부분으로 구분된다. 두 구성 요소의 추정식과 `h` 시차 이후의 예측값 추정식은 다음과 같이 주어진다.

- t 시점에서의 level 추정식

$$l_t = \alpha y_t + (1-\alpha)(l_{t-1} + b_{t-1}) \tag{3.5}$$

- t 시점에서의 trend 추정식

$$b_t = \beta(l_t - l_{t-1}) + (1-\beta)b_{t-1} \tag{3.6}$$

- 예측값 추정식

$$\hat{y}_{t+h|t} = l_t + hb_t \tag{3.7}$$

단, $0 \leq \alpha \leq 1$는 level에 대한 평활상수이고, $0 \leq \beta \leq 1$은 trend에 대한 평활상수이다.

식 (3.7)에서 h 시차 이후 예측값은 level의 마지막 추정 값과 trend 마지막 추정 값에 예측 시차 h를 곱한 결과의 합으로 계산된다는 것을 볼 수 있다. 즉, 예측값은 예측 시차 h가 증가함에 따라 계속 증가하거나 ($b_t > 0$) 혹은 감소하게 되어서 ($b_t < 0$), 장기 예측의 경우에는 over-forecast의 가능성이 있는 것이다.

2) Damped Holt's trend method

Holt's linear trend method의 over-forecast 문제를 해결하기 위해 제안된 방법이다. 모형을 구성하고 있는 level 부분과 trend 부분 요소의 추정식 및 h 시차 이후의 예측값 추정식은 다음과 같이 주어진다.

- t 시점에서의 level 추정식

$$l_t = \alpha y_t + (1-\alpha)(l_{t-1} + \phi b_{t-1}) \tag{3.8}$$

- t 시점에서의 trend 추정식

$$b_t = \beta(l_t - l_{t-1}) + (1-\beta)\phi b_{t-1} \tag{3.9}$$

- 예측값 추정식

$$\hat{y}_{t+h|t} = l_t + (\phi + \phi^2 + \cdots + \phi^h) b_t \tag{3.10}$$

단, $0 \leq \alpha \leq 1$는 level에 대한 평활 상수이고, $0 \leq \beta \leq 1$은 trend에 대한 평활 상수이다. 또한 $0 \leq \phi \leq 1$은 damping 모수로써, 예측에서 추세의 영향력 약화 정도를 조절하는 역할을 한다. $\phi = 1$이면 Holt's linear trend method와 동일한 모형이 된다.

식 (3.10)에서 볼 수 있는 것은 예측 시차 `h`가 큰 값을 갖게 되는 장기 예측에서는 예측값이 계속 증가하거나 감소하는 것이 아니라, 일정한 값으로 수렴한다는 것이다. 이것이 의미하는 것은 단기 예측에서는 추세 성분이 명확하게 영향을 주게 되지만 장기 예측에서는 추세 성분의 영향력이 점점 약해지고, 따라서 over-forecast의 문제가 발생하지 않게 된다는 점이다.

Trend method를 적용하기 위한 함수는 `forecast::holt()`이며, 사용법은 다음과 같다.

```
holt(y, h = 10, damped = FALSE, level = c(80, 95))
```

Holt's linear trend method를 사용한다면, `damped = FALSE`를 지정하면 되고, damped Holt's trend method를 사용하려면, `damped = TRUE`를 지정하면 된다.

- 예제: `fpp2::ausair`

`fpp2::ausair`는 1970년부터 2016년까지 호주의 연간 항공기 승객 수 자료이다. Holt's linear trend와 damped Holt's trend 모형을 이용해서 예측을 실시해 보자.

먼저 시계열 그래프를 그림 3.3에 작성해 보자. 상승 추세가 있는 것을 확인할 수 있다.

```
autoplot(ausair) +
  labs(title = "Air Transport Passengers Australia",
       y = NULL)
```

Holt's linear trend 모형을 함수 `holt()`를 사용해서 적합시키고, 15 시차에 대한 예측 결과를 그림 3.4에 나타내 보자.

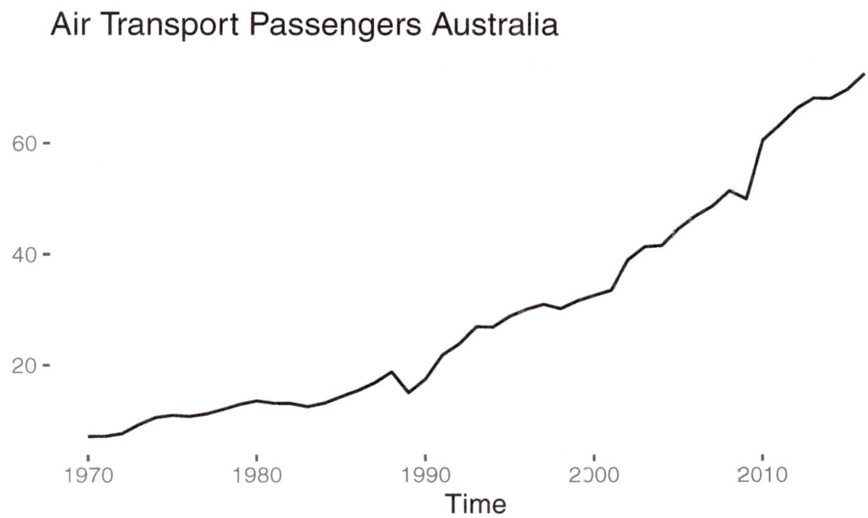

그림 3.3: 1970년부터 2016년까지 호주의 연간 항공기 승객 수

```
holt(ausair, h = 15) %>%
  autoplot()
```

Damped Holt's trend 모형에 의한 예측 결과도 그래프로 나타내 보자. 결과는 그림 3.5에서 볼 수 있다.

```
holt(ausair, h = 15, damped = TRUE) %>%
  autoplot()
```

그림 3.4에서 볼 수 있듯이 Holt's linear trend method에 의한 예측 결과는 지속적으로 증가하고 있으며, 반면에 damped Holt's trend method에 의한 예측 결과는 상승 기울기가 점점 줄어들고 있다는 것을 그림 3.5에서 볼 수 있다.

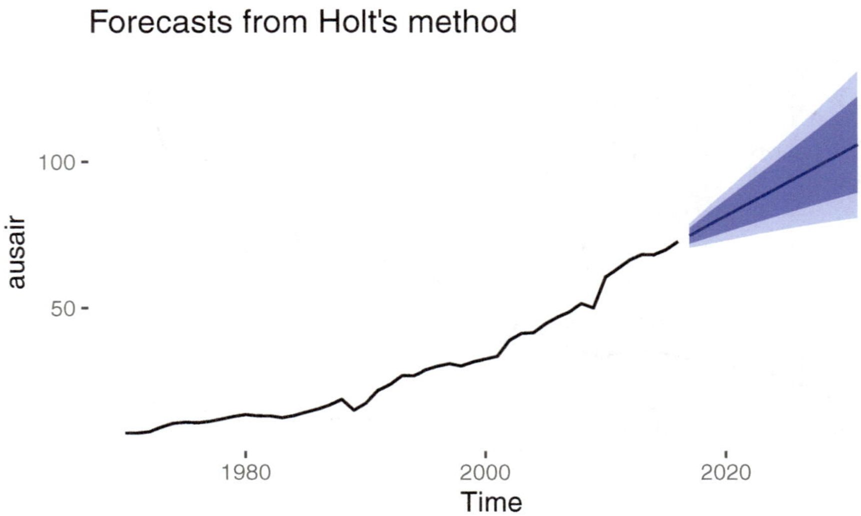

그림 3.4: `ausair` 자료에 대한 Holt's linear trend method의 예측 결과

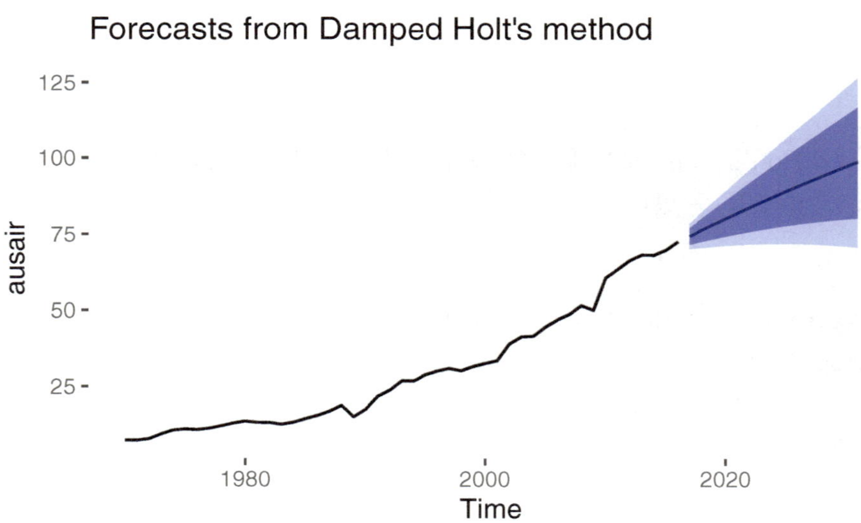

그림 3.5: `ausair` 자료에 대한 damped Holt's trend method의 예측 결과

3.2.3 Holt-Winters' seasonal method

Holt-Winters' seasonal method는 계절성분을 설명하기 위해서 Holt's trend method를 확장한 것이다. 따라서 모형은 level과 trend 그리고 season 성분으로 구성되어 있고, 이것으로 예측값을 추정하게 된다.

Holt-Winters' method는 계절 요소의 형태에 따라서 가법 모형과 승법 모형으로 구분되는데, 가법 모형은 계절 변동 폭이 대략 일정한 모습을 보이는 자료에 적합한 모형이고, 승법 모형은 계절 변동 폭이 자료의 평균수준 (level)에 비례해서 변하는 경우에 적합한 모형이다. 따라서 증가하는 추세를 갖고 있는 자료의 경우에, 시간이 흐름에 따라 변동 폭이 함께 증가는 모습을 보인다면, 승법 모형이 더 적합한 모형이 될 것이다.

Holt-Winters' additive seasonal method의 성분은 다음과 같이 표현된다.

- t 시점에서의 level 추정식

$$l_t = \alpha(y_t - s_{t-m}) + (1-\alpha)(l_{t-1} + b_{t-1}) \tag{3.11}$$

- t 시점에서의 trend 추정식

$$b_t = \beta(l_t - l_{t-1}) + (1-\beta)b_{t-1} \tag{3.12}$$

- t 시점에서의 season 추정식

$$s_t = \gamma(y_t - l_{t-1} - b_{t-1}) + (1-\gamma)s_{t-m} \tag{3.13}$$

- 예측값 추정식

$$\hat{y}_{t+h} = l_t + hb_t + s_{t+h-m(k+1)} \tag{3.14}$$

단, α, β, γ는 평활 상수이고, m은 계절 성분의 주기로써, 예컨대 월별 자료이면 $m = 12$, 분기별 자료이면 $m = 4$가 된다. 또한 예측값 추정식에 있는 k는 $(h-1)/m$의 정수 부분이다.

Holt-Winters' multiplicative seasonal method의 성분은 다음과 같이 표현된다.

- t 시점에서의 level 추정식

$$l_t = \alpha \frac{y_t}{s_{t-m}} + (1-\alpha)(l_{t-1} + b_{t-1}) \tag{3.15}$$

- t 시점에서의 trend 추정식

$$b_t = \beta(l_t - l_{t-1}) + (1-\beta)b_{t-1} \tag{3.16}$$

- t 시점에서의 season 추정식

$$s_t = \gamma \frac{y_t}{(l_{t-1} + b_{t-1})} + (1-\gamma)s_{t-m} \tag{3.17}$$

- 예측값 추정식

$$\hat{y}_{t+h} = (l_t + hb_t)s_{t+h-m(k+1)} \tag{3.18}$$

또한 Holt-Winters' seasonal method에서도 추세 성분에 대한 damping 모수의 적용이 가법모형과 승법모형 모두에서 가능하다. 따라서 Holt-Winters' seasonal method는 계절 성분의 형태와 damping 모수의 유무에 따라 additive seasonal method, damped additive seasonal method, multiplicative seasonal method, 그리고 damped multiplicative seasonal method의 4가지 모형으로 구분된다.

모형 적합 및 예측은 함수 `forecast::hw()`로 할 수 있으며, 사용법은 다음과 같다.

```
hw(y,
   damped = FALSE, h = 2*frequency(y), level = c(80, 95),
   seasonal = c("additive", "multiplicative")
   )
```

- 예제: `fpp2::austourists`

`austourists`는 199년부터 2015년까지 분기별 호주에 입국한 외국인 관광객 수 자료이다. 시계열 그래프는 그림 3.6에서 볼 수 있다.

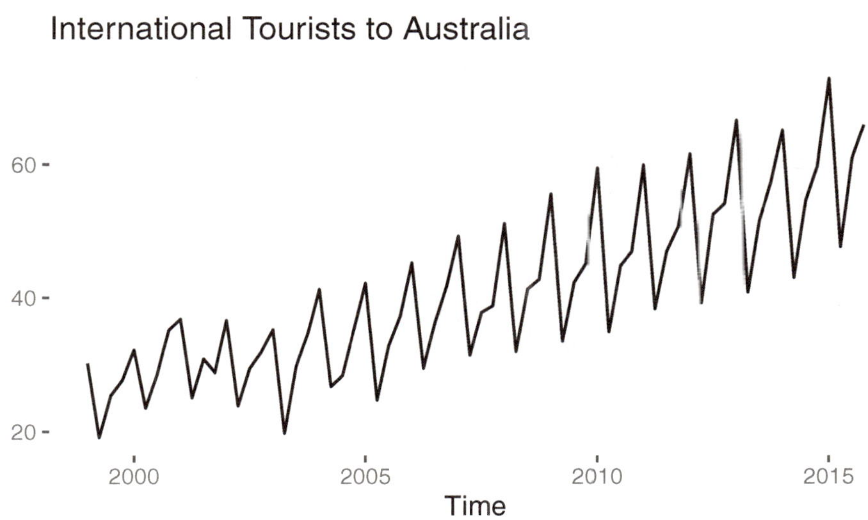

그림 3.6: 199년부터 2015년까지 분기별 호주에 입국한 의국인 관광객 수

Holt-Winters' seasonal 모형을 이용해서 예측을 실시해 보자. 먼저 가법 모형으로 예측을 실시하고 결과를 그림 3.7에 그래프로 나타내 보자.

```
hw(austourists) %>%
  autoplot() + labs(y = NULL)
```

이번에는 승법 모형으로 예측을 실시하고 결과를 그림 3.8에 그래프로 나타내 보자.

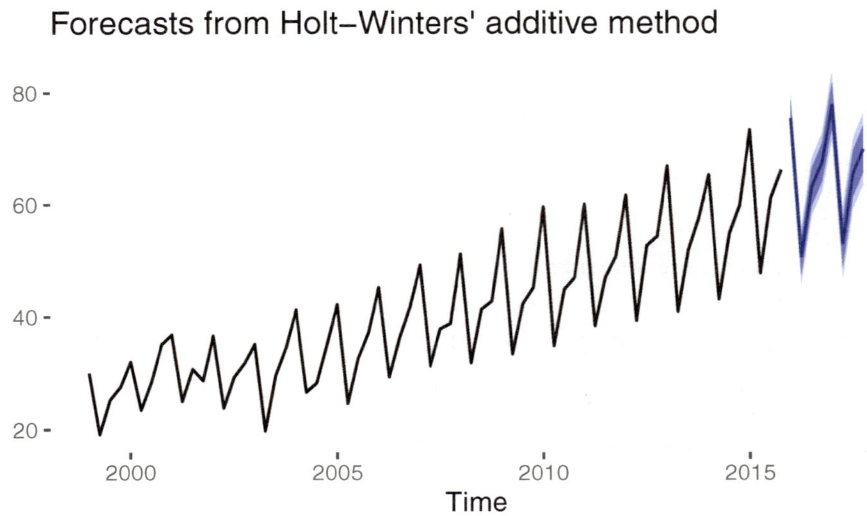

그림 3.7: **austourists** 자료에 대한 Holt-Winters' additive seasonal method 의 예측 결과

```
hw(austourists, seasonal = "multiplicative") %>%
  autoplot() + labs(y = NULL)
```

3.3 ETS 모형

3.3.1 전통적 지수평활법의 확장

3.2절에서 우리는 전통적 지수평활법에 의한 예측 방식을 살펴보았다. 전통적 지수평활법을 사용하면 **h** 시차 후 예측값은 산출할 수 있으나, 예측 구간은 추정할 방법이 없었다. 이것은 전통적 지수평활법이 예측값을 산출하는 단순 수식에 불과하기 때문인데, 따라서 오차 모형을 포함한 통계적 모형으로 확장할 필요가 있는 것이다.

최근에 개발된 ETS 모형은 전통적인 지수평활법에 기반으로 두고 있는 통계적 모형이다. 따라서 ETS 모형을 사용하면 전통적인 지수평활법과 동일한

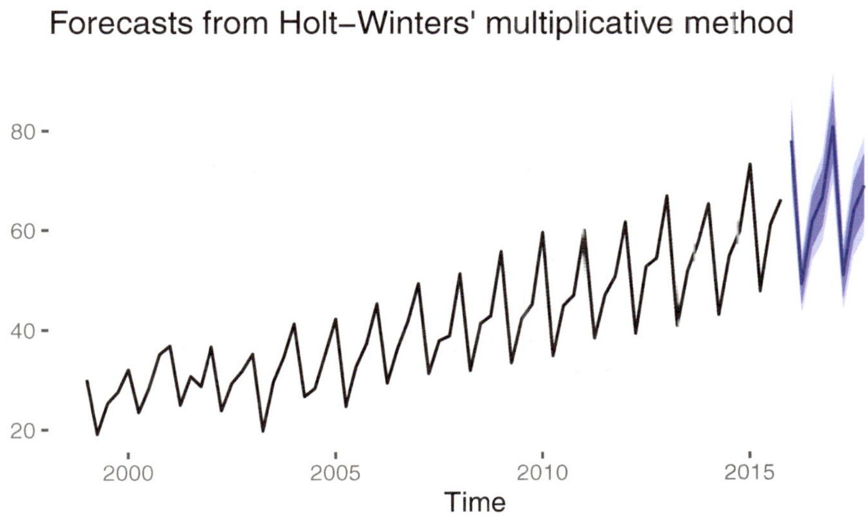

그림 3.8: **austourists** 자료에 대한 Holt-Winters' multiplicative seasonal method의 예측 결과

예측값을 산출하며, 예측 구간도 추정할 수 있는 것이다. 자세한 내용은 Rob Hyndman, Anne Koehler, Keith Ord and Ralph Snyder [2008] 에서 찾아 볼 수 있다.

- 지수평활법 구성 요소의 분해

지수평활법에 속한 여러 모형에서 추세 성분은 None (N)과 Additive (A), 그리고 Damped additive (A_d)의 형태를 취하고 있다. 또한 계절 성분도 None (N)과 Additive (A), 그리고 Multiplicative (M)의 형태를 취하고 있다. 각각 3가지 형태의 추세 및 계절 성분의 조합을 구성하면, 모두 9가지 모형을 구성할 수 있다. 즉, (Trend, Seasonal)의 가능한 조합은 (N, N), (N, A), (N, M), (A, N), (A, A), (A, M), (A_d, N), (A_d, A), (A_d, M)와 같다.

3.2절에서 살펴본 모형을 (Trend, Seasonal) 조합의 형태로 표현하면 다음과 같다.

(Trend, Seasonal) 조합	전통적 지수평활법 모형
(N , N)	Simple exponential smoothing
(A , N)	Holt's linear trend model
(A_d , N)	Damped Holt's trend model
(A, A)	Additive Holt-Winters' model
(A_d , A)	Additive Holt-Winters' damped model
(A, M)	Multiplicative Holt-Winters' model
(A_d , M)	Multiplicative Holt-Winters' damped model

- 오차 모형의 도입

지수평활법을 통계적 모형으로 확장하기 위해서는 1시차 후 예측 오차가 확률분포를 갖는다는 가정이 필요하다. 확률 오차 모형이 도입되면 각 모형의 모수를 최우추정법으로 추정할 수 있으며, 예측 구간도 추정할 수 있다. 또한 최적 모형 선택을 위한 기준을 마련할 수 있게 된다.

예측 오차 ε_t에 대한 일반적인 가정은 서로 독립이며, 평균이 0이고 분산이 σ^2인 정규분포라는 것이다. 또한 예측 오차는 가법 오차와 승법 오차로 구분할 수 있는데, 가법 오차는 $\varepsilon_t = y_t - \hat{y}_{t|t-1}$으로 표현되고, 승법 오차는 $\varepsilon_t = (y_t - \hat{y}_{t|t-1})/\hat{y}_{t|t-1}$으로 표현된다.

- ETS 모형 설정

ETS 모형은 추세와 계절 및 오차 성분의 각 형태를 모두 조합하여 구성한다. 앞에서 (Trend, Seasonal)의 조합에 의해 9개 모형이 설정되는 것을 보았다. 여기에 두 가지 오차 성분인 Additive (A)와 Multiplicative (M)를 추가하면, 모두 18개 모형을 구성할 수 있게 되는데, 이렇게 구성되는 모형은 `ETS(Error, Trend, Seasonal)`의 형태로 각 성분을 표시한다. 예를 들어, `ETS(A, N, N)` 모형은 simple exponential smoothing with additive error model이 되고, `ETS(A, A, A)`는 additive Holt-Winters' seasonal method with additive error model이 된다.

3.3.2 모형 적합 및 최적 모형 선택

- 모수 추정

ETS 모형의 모수에는 평활상수인 α, β, γ, ϕ와 level, trend 및 seasonal 요소의 초기값들이 있다. 예측 오차의 분포를 가정했기 때문에, ETS 모형의 모수들은 최우추정법 (Maximum likelihood estimation)으로 추정할 수 있다. 추정 과정에 대한 자세한 설명은 Hyndman and Athanasopoulos [2018] 을 참조하면 된다.

- 모형 선택

통계적 모형이 갖고 있는 큰 장점 중 하나는 모형 선택 기준으로 AIC와 같은 information criteria를 사용할 수 있다는 점이다. 따라서 ETS 모형 중 주어진 시계열자료에 가장 적합한 모형을 선택할 때, 사용자의 주관적인 기준이 아닌 객관적인 기준을 사용할 수 있게 되었다.

모형 선택 기준으로 많이 사용하는 통계량에는 AIC, AICc , 그리고 BIC가 있다. 각 통계량의 정의는 다음과 같다.

$$AIC = -2\log(L) + 2k$$

$$AIC_c = AIC + \frac{2k(k+1)}{T-k-1}$$

$$BIC = -2\log(L) + k\log(T)$$

단, L 은 모형의 우도 함수 (Likelihood of model)이고, k 는 모형의 모수 개수, 그리고 T 는 시계열자료의 크기, 즉 자료의 개수이다. 자료의 수가 충분히 크지 않는 경우에는 AIC_c 의 사용이 추천된다. 따라서 ETS 모형 중 AIC_c 의 값이 가장 작은 모형을 예측모형으로 선택하면 된다.

- 최적 ETS 모형 선택을 위한 함수: `forecast::ets()`

ETS 모형 적합 및 최적 모형 선택은 함수 `forecast::ets()`로 진행할 수 있으며, 사용법은 다음과 같다.

```
ets(y,
    model = "ZZZ", damped = NULL,
    lambda = NULL, biasadj = FALSE,
    ic = c("aicc", "aic", "bic"),
    ...
    )
```

`y`는 숫자형 벡터 또는 `ts` 객체이고, `model`에는 세 가지 ETS 모형 요소 (Error, Trend, Seasonal)의 형태를 지정하는 문자를 차례로 입력한다. `"N"`, `"A"`, `"M"`을 입력하면 사용자가 모형의 요소를 직접 결정하는 것이고, `"Z"` (디폴트)를 입력하면 information criteria에 의한 선택이 이루어진다. 예를 들어, `model = "ANN"`은 additive error, no trend, no seasonal model을 지정하는 것이고, `model = "AZN"`은 additive error, no seasonal이며 trend는 information criteria로 선택하는 모형을 지정한 것이다.

`damped`에 `TRUE`를 입력하면 damped trend 모형을 지정하는 것이고, `NULL` (디폴트)이면 information criteria로, damped trend 혹은 non-damped trend를 선택한다.

`lambda`에는 Box-Cox 변환 모수의 값을 지정한다. 사용자가 직접 입력할 수도 있고, 함수 `forecast::BoxCox.lambda()`가 선택한 변환 모수를 자동 지정하려면 `"auto"`를 입력하면 된다. 디폴트인 `NULL` 을 유지하면 변환은 이루어지지 않는다.

`lambda`에 값이 지정되어 Box-Cox 변환이 이루어지면, 변환된 자료를 이용하여 모수를 추정하게 되는데, 이어서 이루어지는 예측 과정에서는 예측 결과를 변환 이전의 원래 스케일로 역변환을 해주어야 한다. 이러한 역변환에서 발생되는 bias의 조정 여부를 선택하는 것이 `biasadj`의 역할이다. `TRUE`를 입력하면 bias가 조정된 예측값을 산출하게 된다.

`ic`는 모형 선택 과정에서 사용할 information criteria를 지정하는 것이며, `"aicc"`가 디폴트이다.

3.3.3 예측

ETS 모형의 점 예측값 (point forecast)은 각 모형의 예측값 계산식을 $t = T+1, \ldots, T+h$에 대하여 $\varepsilon_t = 0$인 상태에서 반복적으로 적용하여 산출한다. 예측 구간은 점 예측값 $\hat{y}_{T+h|T}$을 중심으로 예측값의 분산과 정규분포의 분위수를 이용하여 계산할 수 있다. 단, 예측값의 분산을 유도할 수 없는 모형의 경우에는 모의실험을 통하여 예측구간을 계산하기 된다.

- ETS 모형 예측을 위한 함수: `forecast::forecast()`

함수의 사용법은 다음과 같다.

```
forecast(object,
         h = ifelse(object$m > 1, 2 * object$m, 10),
         level = c(80, 95),
         simulate = FALSE,
         bootstrap = FALSE,
         ...
         )
```

`object`는 함수 `ets()`로 생성된 객체이고, `object$m`은 시계열자료의 주기이다. 따라서 예측 시차 `h`의 디폴트 값은 주기가 1보다 크면 주기의 2배가 되고, 주기가 1인 경우에는 10이 되는 것이다. `simulate = TRUE`가 되면 예측 구간이 공식이 아닌 서로 독립인 정규분포 오차에 의한 모의실험으로 계산된다. 예측값의 분산을 유도할 수 없는 모형에 대해서는 `TRUE`가 디폴트가 된다. `bootstrap = TRUE`가 되면, 예측 구간이 서로 독립인 정규분포 오차에 의한 모의실험이 아닌 예측오차 (잔차)에 대한 bootstrap을 이용한 모의실험으로 계산된다.

3.4 모형의 가정 만족 여부 확인

ETS 모형을 포함한 모든 통계적 모형에는 오차에 대한 가정 사항이 있다. 주어진 자료로 모수를 추정하여 적합시킨 모형이 가정을 만족하고 있는지 확인하는 작업은 예측 모형의 타당성을 확보하기 위해 반드시 이루어져야 한다.

오차 $\varepsilon_1, \ldots, \varepsilon_T$에 대한 가정은 다음과 같다.

1) 오차는 서로 독립
2) 오차의 평균은 0
3) 오차의 분산은 동일
4) 오차는 모두 정규분포

오차는 모형에는 포함되어 있지만, 실제로는 관측할 수 없는 성분이다. 따라서 오차의 가정 만족 여부는 잔차를 대상으로 이루어지게 된다. 평균이 0이고 분산이 동일한 정규분포를 하고 있다는 가정은 잔차의 시계열 그래프와 히스토그램을 작성하면 확인할 수 있다. 독립성 가정은 잔차의 Autocorrelation을 이용해서 이루어진다.

3.4.1 자기상관과 부분자기상관

- 자기상관 (Autocorrelation)

시계열자료의 자기상관이란 인접한 자료들 사이에 존재하는 상관을 의미한다. k차 자기상관계수 ρ_k는 시차가 k인 시계열자료 사이에 존재하는 상관계수로써, 자기상관함수 (Autocorrelation function; ACF)라고 불린다.

$$\rho_k = \frac{Cov(y_t, y_{t-k})}{\sqrt{Var(y_t)}\sqrt{Var(y_{t-k})}}, \quad k = 1, 2, \ldots$$

상관계수는 서로 다른 두 변수의 선형관계 정도를 측정하는 척도이다. 자기상관계수도 두 변수 사이의 관계 측정이라고 생각할 수 있는데, 예를 들어 ρ_1은 y_t과 y_{t-1}라는 두 변수의 상관계수이고, ρ_2는 y_t와 y_{t-2}라는 두 변수의 상관계수로 볼 수 있는 것이다.

t	y_t	y_{t-1}	y_{t-2}
1	y_1	NA	NA
2	y_2	y_1	NA

t	y_t	y_{t-1}	y_{t-2}
3	y_3	y_2	y_1
4	y_4	y_3	y_2
5	y_5	y_4	y_3
$\vdots$	$\vdots$	$\vdots$	$\vdots$

주어진 시계열자료에 대한 표본 자기상관함수 (Sample ACF), r_k 는 다음과 같이 계산되며, 함수 `forecast::ggAcf()`로 작성할 수 있다.

$$r_k = \frac{\sum_{t=k+1}^{T}(y_t - \bar{y})(y_{t-k} - \bar{y})}{\sum_{t=1}^{T}(y_t - \bar{y})^2}$$

예제로 시계열자료 `fpp2::oil`의 표본 자기상관함수를 작성해 보자. 먼저 시계열 그래프를 그림 3.9과 같이 작성해 보자.

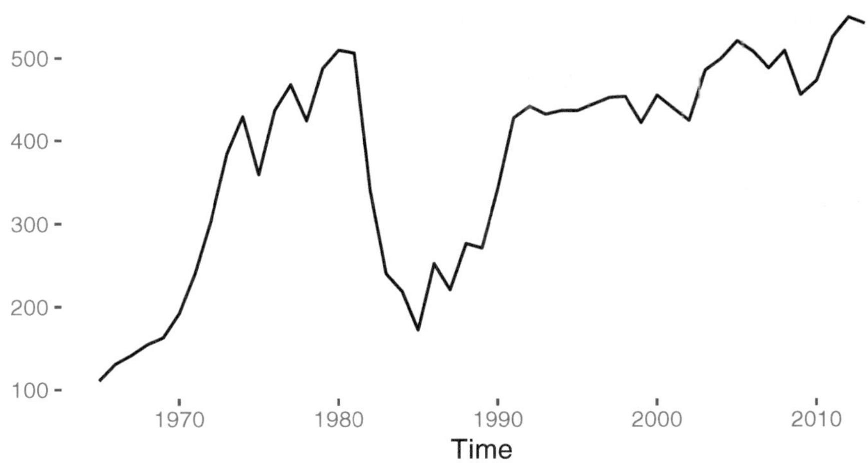

그림 3.9: `oil` 자료의 시계열그래프

표본 ACF 값을 계산하기 전에 시차가 1, 2, 3인 자료끼리의 산점도를 함수 `gglagplot()`을 사용하여 그림 3.10에 먼저 작성해 보자.

```
gglagplot(oil, lags = 3, do.lines = FALSE) +
  theme(legend.position = "none")
```

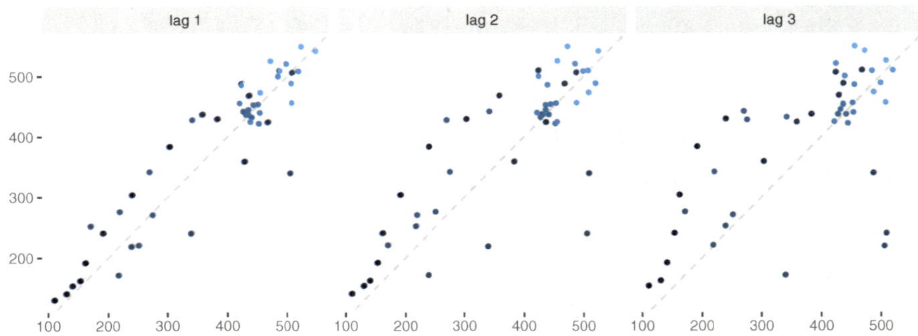

그림 3.10: `oil` 자료의 lagged 산점도

시차가 증가함에 따라 산점도의 점들이 점점 더 흩어지는 것을 볼 수 있다. 따라서 시차가 증감함에 따라 표본 ACF의 값은 점점 줄어들 것이다.

이제 함수 `ggAcf()`로 표본 ACF를 작성해 보자. 결과는 그림 3.11에서 볼 수 있다.

```
ggAcf(oil)
```

시차 (lag) k 에 대한 r_k 의 값이 수직 선분으로 표시되었다. 그래프에는 두 개의 파란 색 수평 점선이 있는데, 이것은 독립성 가정에서 계산한 ρ_k의 95% 신뢰구간이다. 따라서 r_k 의 값을 표시한 수직 선분이 파란 색 수평선 밖으로 뻗어 있다면, 해당 시점의 자기상관계수는 5% 유의수준에서 유의한 것으로 볼 수 있다.

- 부분자기상관 (Partial autocorrelation)

k 차 부분자기상관 (PACF)이란 y_t 와 y_{t-k} 사이의 상관 관계에서 중간 시점인 $y_{t-1}, y_{t-2}, \dots, y_{t-(k-1)}$ 의 영향력을 제거한 y_t 와 y_{t-k} 의 직접적인 상관 관계를

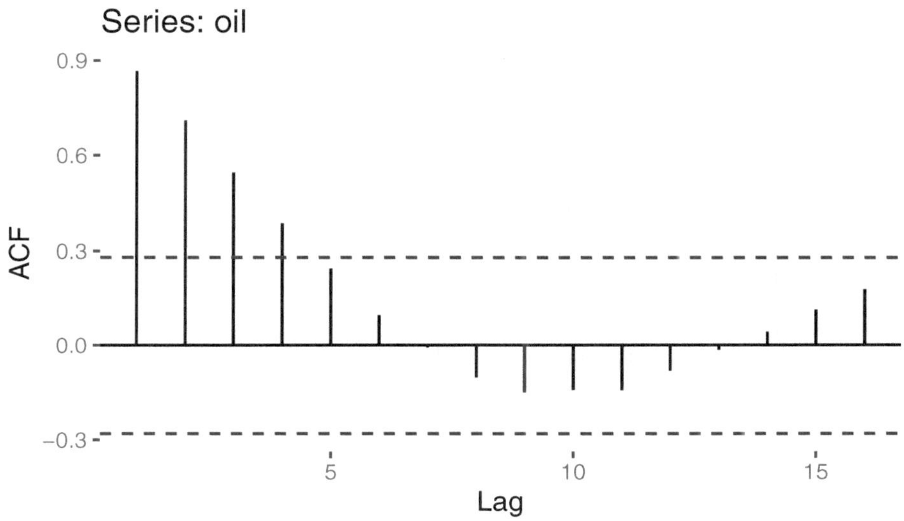

그림 3.11: `oil` 자료의 표본 ACF

의미한다. 따라서 중간 시점이 없는 1차 부분자기상관계수는 1차 자기상관계수와 동일하게 된다.

표본 부분자기상관함수 (PACF)는 함수 `forecast::ggPacf()`로 작성할 수 있다. 예제로 시계열자료 `fpp2::oil`의 표본 부분자기상관함수를 그림 3.12에 작성해 보자.

```
ggPacf(oil)
```

파란 수평 점선은 독립성 가정에서 구한 k 차 부분자기상관계수의 95% 신뢰구간이다. 그림 3.12의 경우에는 1차 부분자기상관계수만이 5% 유의수준에서 유의적임을 알 수 있다.

어떤 시계열 분석을 실시하든지 주어진 시계열자료에 대한 시계열 그래프와 표본 ACF, 그리고 PACF는 반드시 작성해야할 그래프이다. 따로 작성하는 것도 좋겠지만, 세 가지 그래프를 한 번에 작성하려면, 함수 `forecast::ggtsdisplay()`를 사용하면 된다. 옵션 `lag.max`이 충분히 큰 수를 지정하면 긴 시차에 대한 그래프를 작성할 수 있으며, 그림 3.13에서 확인할 수 있다.

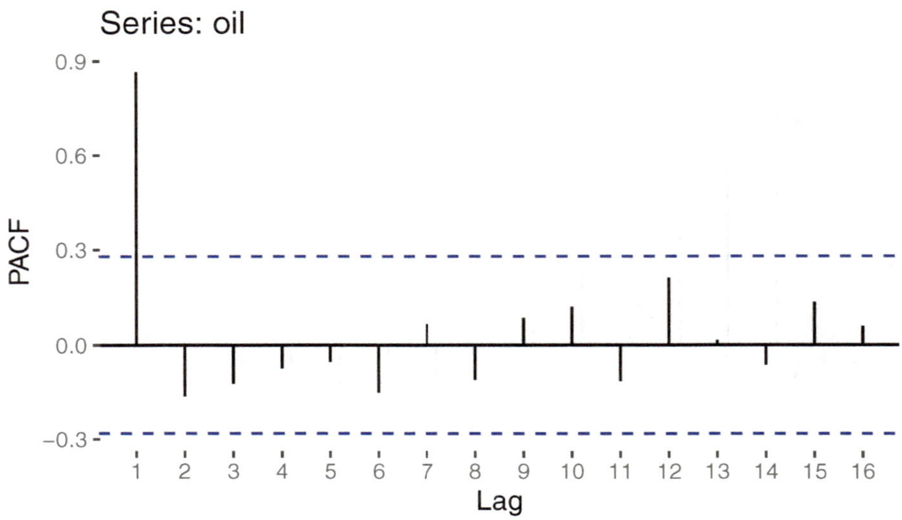

그림 3.12: `oil` 자료의 표본 PACF

```
ggtsdisplay(AirPassengers, lag.max = 48)
```

그림 3.13에서 볼 수 있는 것은 먼저 명확하게 증가하는 추세와 계절 성분이 있으며, 자료의 level이 증가하면 계절 성분의 변동 폭도 함께 증가하고 있다. 또한 표본 ACF가 매우 천천히 감소하는 형태를 갖고 있으며, ACF의 값이 주기 $(m = 12)$ 의 배수인 12, 24, 36에서 다시 상승하며 비교적 큰 값을 갖고 있다는 점이다.

3.4.2 독립성 검정

오차가 독립성 가정을 만족하고 있는지 확인하는 방법에 대해 살펴보자. 먼저 표본 ACF를 활용한 검정이 있다. 표본 ACF의 그래프로 간편하게 확인하는 방법이지만, 다중검정의 문제가 있기 때문에 조심해서 사용해야 한다. 다른 방법으로는 포트맨토 (Portmanteau) 검정이 있다.

- 표본 ACF를 이용한 독립성 검정

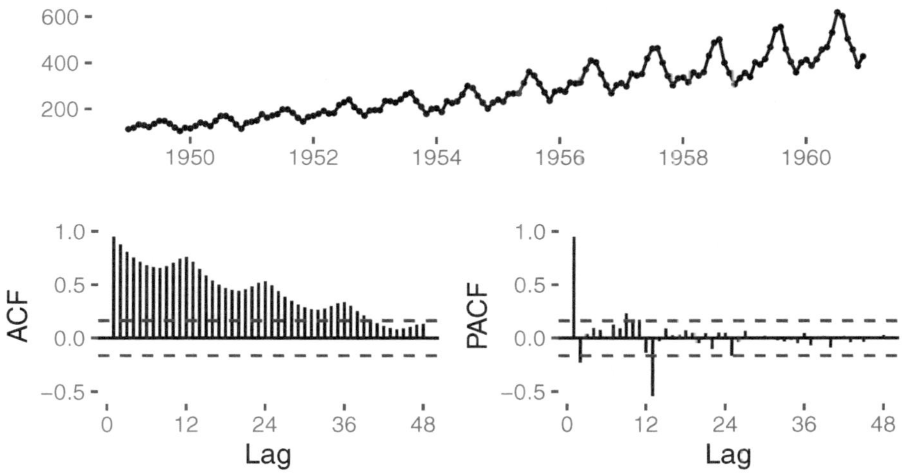

그림 3.13: 시계열 그래프, 표본 ACF, PACF 작성

그림 3.11과 같은 표본 ACF 그래프에 표시된 95% 신뢰구간을 이용하는 방법이다. 신뢰구간과 양측검정의 관계에 의해서, 만일 r_k 의 값이 점선을 벗어나 있다면, 가설 $H_0 : \rho_k = 0$, $H_1 : \rho_k \neq 0$ 에서 H_0 을 5% 유의수준에서 기각할 수 있다. 따라서 표본 ACF 그래프에 표시된 모든 r_k 가 점선 안에 있다면 독립이라고 판단할 수 있다는 것이다.

그러나 이 방법은 실질적으로 다중검정에 해당되기 때문에 일종 오류의 확률이 증가하는 문제가 있다. 다중검정이란 여러 개의 독립된 검정을 실시해서 하나의 결론을 내리는 상황을 의미한다. 예를 들어, 3개의 귀무가설 $H_0 : \rho_k = 0$, $k = 1, 2, 3$ 이 모두 사실이라고 가정해 보자. 3개의 독립된 검정을 각각 유의수준 α 에서 실시했을 때, 3개 검정 모두에서 옳은 결론인, H_0 을 기각하지 않을 확률은 $(1 - \alpha)^3$ 이 된다. 다중검정의 일종오류는 3개의 독립된 검정 중 한 번이라도 H_0 을 기각하는 사건이 되며, 따라서 다중검정의 일종오류 확률은 $1 - (1 - \alpha)^3$ 이 된다.

검정되는 귀무가설의 개수가 $k = 3$ 이면 다중검정의 일종오류 확률은 $1 - (1 - 0.05)^3 = 0.1426$ 이고, $k = 15$ 이면 $1 - (1 - 0.05)^{15} = 0.5367$ 이 된다. 그림 3.11에는 $k = 16$ 까지 표시되어 있기 때문에, 이 그래프를 근거로 독립성 검정을 실시하면 상당히 높은 일종오류의 확률을 감수해야 하는 것이다.

요약하자면, 표본 ACF에 의한 독립성 검정은 실시할 수는 있지만, 이 방법만으로 결론을 내리는 것은 피하는 것이 좋을 것이다.

- 포트맨토 검정

포트맨토 검정이란 귀무가설은 명확하게 정의되어 있으나, 대립가설은 상대적으로 느슨하게 정의된 가설에 대한 검정을 의미한다. 오차의 독립성 검정에 대한 귀무가설은 K 차 자기상관계수까지 모두 0이라고 설정한다.

$$H_0 : \rho_1 = \rho_2 = \cdots = \rho_K = 0$$

단, K 에는 충분히 큰 값의 시차를 지정한다.

대립가설은 '귀무가설은 사실이 아니다'. 또는 '독립이 아니다'인데 구체적인 상관관계의 구조를 명시할 필요가 없는 상황이다.

오차의 독립성 가설에 대한 포트맨토 검정으로 많이 사용되는 검정은 Ljung-Box 검정이다. 검정통계량은 $Q = T(T+2)\sum_{k=1}^{K} r_k^2/(T-k)$ 이며, 잔차 사이에 유의한 자기상관계수가 존재하면 검정통계량 Q 가 큰 값을 갖게 될 것이다. 귀무가설이 사실인 경우 Q 의 분포는 카이제곱 분포를 하며, 자유도는 $K - N_{par}$ 가 되는데, N_{par} 는 모형에 포함된 모수의 개수이다.

포트맨토 검정을 실시하기 위한 함수는 `forecast::checkresiduals()`이며, 사용법은 `checkresiduals(object, lag, ...)`이다. `object`는 함수 `ets()` 등으로 생성된 시계열 모형 객체이고, `lag`는 독립성 검정의 최고 시차 K 값을 지정하는 것이다. 사용자가 직접 지정할 수 있고, 디폴트 값은 계절 요소가 없는 경우에는 $\min(10, T/5)$ 이고, 계절 요소가 있는 경우에는 $\min(2m, T/5)$ 이다. 단, T 는 자료의 크기이고 m 은 계절 주기이다.

결과물은 잔차의 시계열 그래프와 ACF 그래프, 히스토그램이 작성되고, Ljung-Box 검정 결과가 출력된다.

3.5 예제

- 예제 1: 1970년부터 2016년까지 연간 항공기 이용객 수 (`fpp2::ausair`)

fpp2::ausair는 1970년부터 2016년까지 호주의 연간 항공기 승객 수 자료이다. 먼저 전체 자료 중 1970년부터 2011년까지의 자료를 training data로 하고, 2012년 이후 자료를 test data로 분리하자.

```
train_air <- window(ausair, end = 2011)
test_air <- window(ausair, start = 2012)
```

train_air와 test_air의 시계열 그래프는 그림 3.14과 같다. test_air는 빨간 선으로 나타냈다.

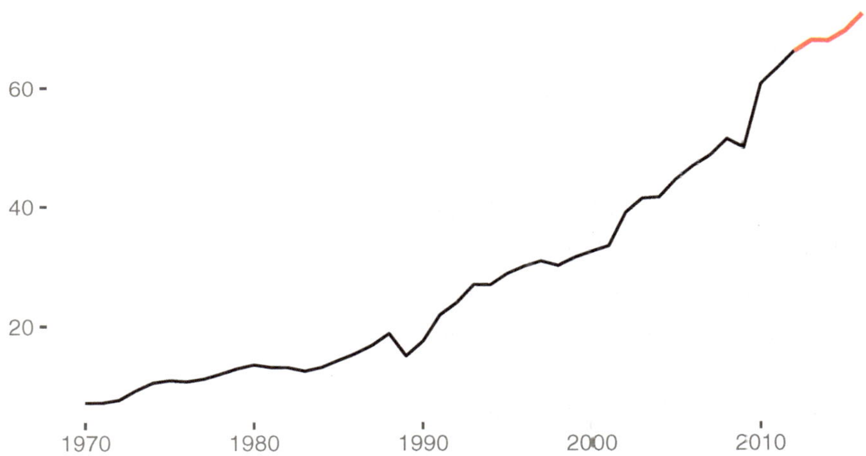

그림 3.14: ausair 자료의 시계열그래프

함수 ets()로 ETS 모형을 적합하고, 그 결과를 확인해 보자.

```
fit_air <- ets(train_air)
fit_air
```

```
## ETS(M,A,N)
##
## Call:
```

```
## ets(y = train_air)
##
##   Smoothing parameters:
##     alpha = 0.9999
##     beta  = 0.024
##
##   Initial states:
##     l = 6.5399
##     b = 0.7358
##
##   sigma:  0.08
##
##      AIC     AICc      BIC
## 206.1828 207.8495 214.8712
```

최적 모형은 ETS(M,A,N)으로 선정되었다. 즉, 추세는 additive이고 오차는 multiplicative이며, 계절요소가 없는 모형이 적합되었다. 평활모수는 $\alpha = 0.9999$, $\beta = 0.024$ 로 추정되었다. 따라서 시계열자료의 level에는 큰 변화가 있으나, 추세의 기울기에는 큰 변화 없이 일정하다는 것을 알 수 있다.

ETS 모형의 각 요소에 대한 추정 결과를 그림 3.15의 그래프로 나타내 보자. 관측된 자료의 시계열 그래프, 그리고 level의 추정 결과와 추세 기울기의 추정 결과의 시계열 그래프가 함께 작성되어 있다. 그래프 오른쪽 끝에 있는 동일한 높이의 막대가 표시되어 있어서 각 요소의 스케일을 비교할 수 있다.

```
autoplot(fit_air)
```

모형의 가정 만족 여부를 함수 `checkresiduals()`로 확인해 보자. 특별히 문제가 되는 가정 사항은 없는 것으로 보인다.

```
checkresiduals(fit_air)
```

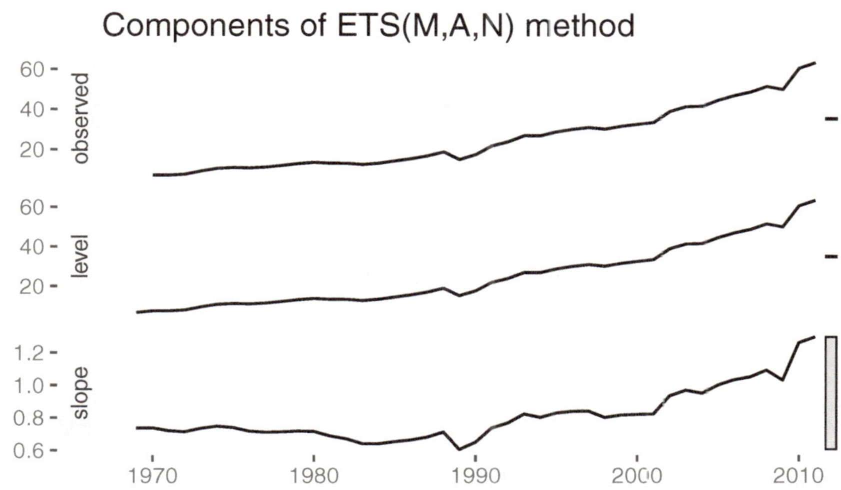

그림 3.15: ETS 모형의 각 요소에 대한 추정 결과 그래프

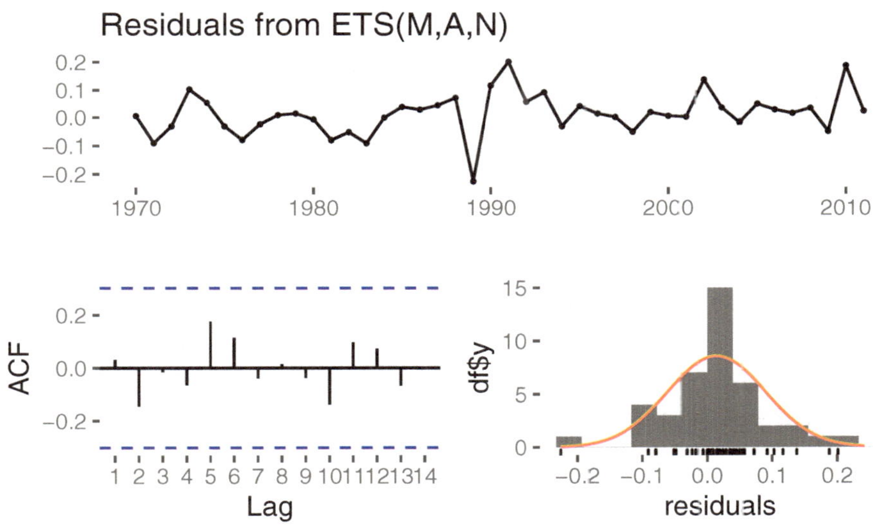


```
##
## 	Ljung-Box test
##
## data:  Residuals from ETS(M,A,N)
```

```
## Q* = 3.5236, df = 4, p-value = 0.4743
##
## Model df: 4.   Total lags used: 8
```

이제 예측을 실시하고 예측 오차에 대한 평가를 실시해 보자.

```
fc_air <- forecast(fit_air, h = length(test_air))
accuracy(fc_air, test_air)
```

```
##                     ME     RMSE     MAE       MPE     MAPE
## Training set 0.5550369 2.138179 1.31460 0.7893247 5.399428
## Test set     1.7629504 1.888573 1.76295 2.5419343 2.541934
##                   MASE        ACF1 Theil's U
## Training set 0.7649321 -0.09163575        NA
## Test set     1.0258159 -0.22513230  1.034042
```

함수 accuracy()의 결과 중 RMSE, MAE, MAPE와 MASE는 3.1절에서 살펴보았다. 그 외의 측도로 ME는 Mean Error이고 MPE는 Mean Percentage Error를 의미한다. 또한 ACF1은 잔차의 1시차 자기상관계수이고, Theil's U는 naive forecast의 예측 오차와 비교하는 것으로써 MASE와 유사한 특징을 갖고 있다.

예측 결과를 그래프로 나타내 보자. 함수 autoplot()에 함수 forecast()의 결과인 객체 fc_air를 입력하면 training data와 예측 결과를 함께 나타낸다. 옵션 include는 그래프에 포함시킬 training data의 개수를 지정하는 것이다. 따라서 include = 0을 입력하면 예측 부분만을 확대한 효과를 볼 수 있다. 작성 결과는 그림 3.16에서 볼 수 있다.

```
library(patchwork)
p1 <- autoplot(fc_air) +
  autolayer(test_air, color = "red", size = .8) +
  labs(y = NULL, x = NULL)
p2 <- autoplot(fc_air, include = 0) +
  autolayer(test_air, color = "red", size=.8) +
```

```
  labs(y = NULL, x = NULL)
p1 + p2
```

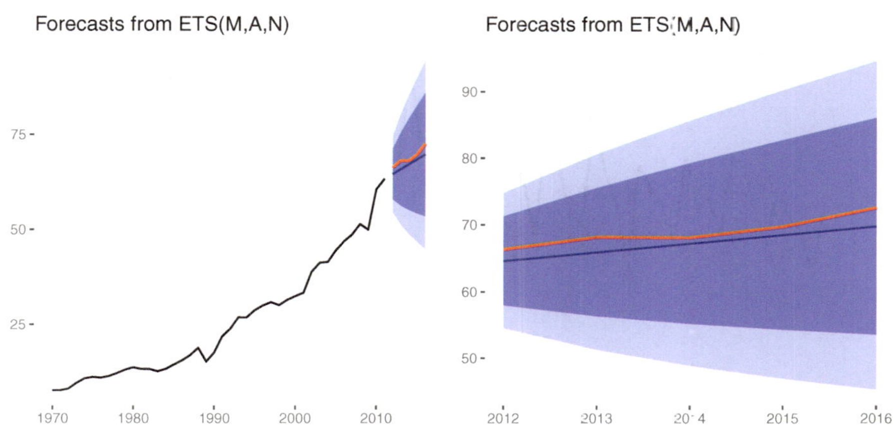

그림 3.16: **fpp2::ausair** 자료에 대한 ETS 모형의 예측 결과

- 예제 2: 1999년부터 2015년까지 분기별 호주 입국 외국인 관광객 수 (**fpp2::austourists**)

austourists는 1999년부터 2015년까지 분기별로 호주에 입국한 외국인 관광객 수 자료이다. 2013년 4분기까지를 training data로 분리하고 2014년 1분기부터를 test data로 분리하자.

```
train_tour <- window(austourists, end = c(2013, 4))
test_tour <- window(austourists, start = c(2014, 1))
```

두 자료의 시계열 그래프는 그림 3.17과 같다. Test data는 빨간 선으로 표시했다. 상승 추세가 있으며, 명확한 계절요소가 있는 것을 알 수 있다. 또한 계절요소의 진폭이 추세가 상승함에 따라 다소 증가하고 있는 것을 볼 수 있다.

함수 **ets()**로 최적 모형을 적합해 보자.

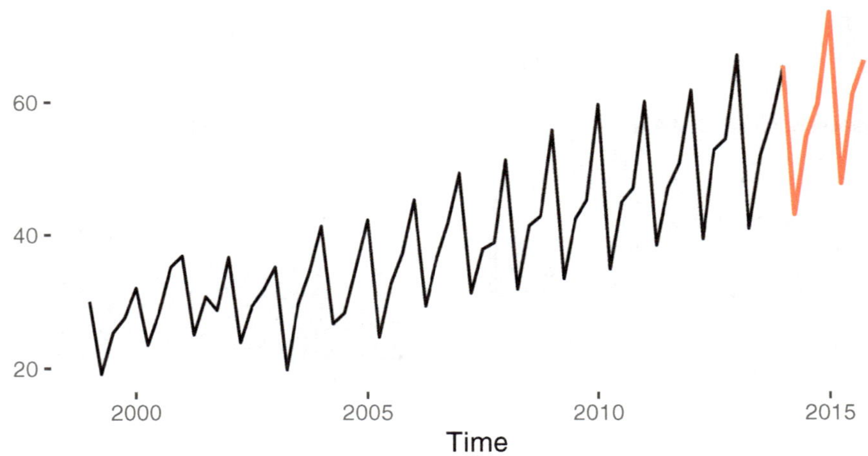

그림 3.17: austourists 자료의 시계열 그래프

```
fit_tour <- ets(train_tour)
fit_tour
```

```
## ETS(M,A,M)
##
## Call:
##  ets(y = train_tour)
##
##   Smoothing parameters:
##     alpha = 0.4189
##     beta  = 1e-04
##     gamma = 1e-04
##
##   Initial states:
##     l = 24.2672
##     b = 0.5179
##     s = 1.0367 0.9578 0.7697 1.2358
```

```
##
##   sigma:  0.0612
##
##      AIC     AICc      BIC
## 353.3882 356.9882 372.2373
```

ETS(M,A,M) 모형이 선택되었다. 승법 계절 성분이 선택되었다는 것은 계절 요소의 변동 폭이 증가한다는 의미가 된다. 이런 경우에 시계열자료를 로그 변환 시킨 후 다시 ETS 모형을 적합시키면 가법 계절 모형이 선택될 것이다. 함수 `ets()`의 Box_Cox 변환 모수인 옵션 `lambda`에 0을 입력하면 로그변환된 자료를 대상으로 모형 적합이 이루어진다.

```
fit_lntour <- ets(train_tour, lambda = 0)
fit_lntour
```

```
## ETS(A,A,A)
##
## Call:
##  ets(y = train_tour, lambda = 0)
##
##   Box-Cox transformation: lambda= 0
##
##   Smoothing parameters:
##     alpha = 0.337
##     beta  = 1e-04
##     gamma = 0.0137
##
##   Initial states:
##     l = 3.2161
##     b = 0.0122
##     s = 0.055 -0.0254 -0.2477 0.2181
##
##   sigma:  0.0639
```

```
##
##       AIC      AICc       BIC
## -75.06808 -71.46808 -56.21898
```

모형 `fit_tour`의 가정 만족 여부를 확인해 보자.

```
checkresiduals(fit_tour)
```

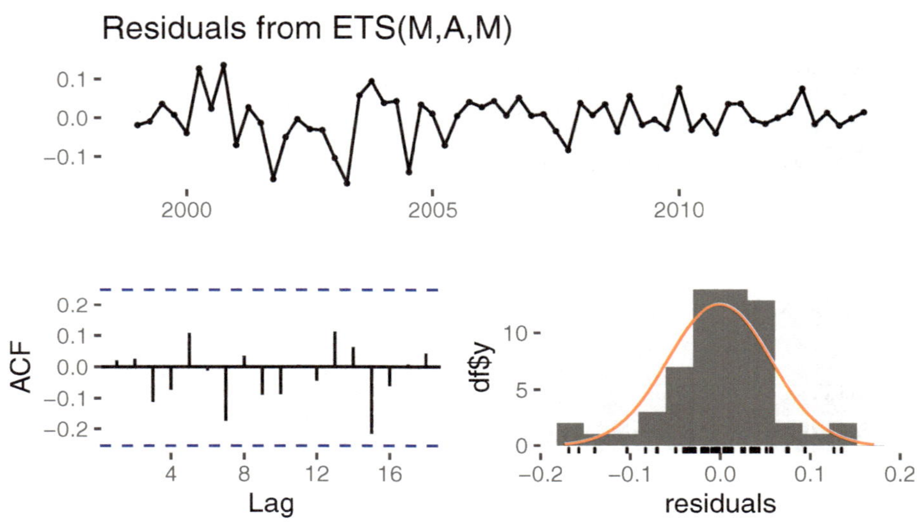


```
##
##  Ljung-Box test
##
## data:  Residuals from ETS(M,A,M)
## Q* = 5.3591, df = 3, p-value = 0.1473
##
## Model df: 8.   Total lags used: 11
```

모형 `fit_lntour`의 가정 만족 여부도 확인해 보자.

```
checkresiduals(fit_lntour)
```

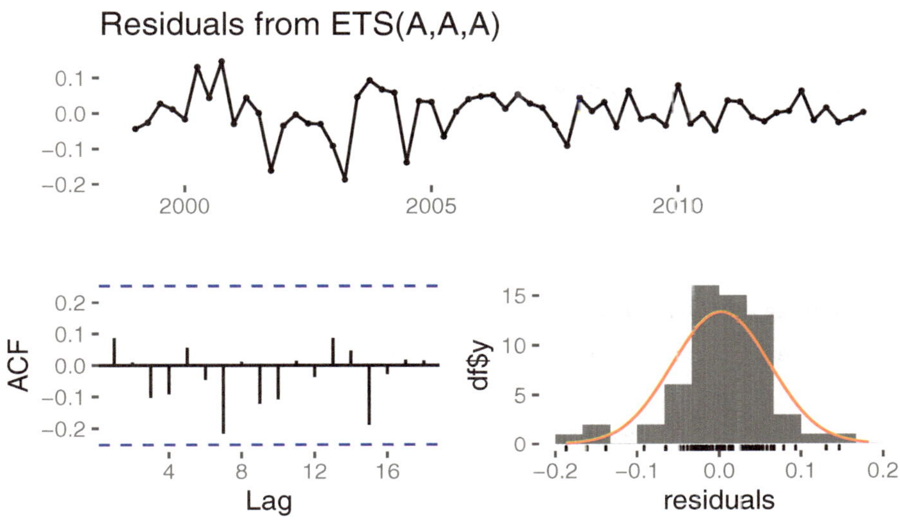


```
##
##  Ljung-Box test
##
## data:  Residuals from ETS(A,A,A)
## Q* = 7.2993, df = 3, p-value = 0.06294
##
## Model df: 8.   Total lags used: 11
```

두 모형 모두 가정은 만족시키는 것으로 보인다. 이제 두 모형의 예측을 실시하고, 그 결과를 비교해 보자.

```
fc_tour <- forecast(fit_tour, h = length(test_tour))
fc_lntour <- forecast(fit_lntour, h = length(test_tour))
```

```
accuracy(fc_tour, test_tour)
```

```
##                        ME      RMSE       MAE          MPE
```

```
## Training set 0.004642325 1.966538 1.474615 -0.4054666
## Test set     1.541295202 2.989673 2.414226  2.6022154
##                  MAPE      MASE       ACF1 Theil's U
## Training set 4.196005 0.5206241 -0.0243205        NA
## Test set     3.958845 0.8523613  0.5001355 0.2077632
```

```
accuracy(fc_lntour, test_tour)
```

```
##                     ME     RMSE      MAE        MPE
## Training set 0.1640202 2.014686 1.562901 0.04389638
## Test set     0.6115065 2.128486 1.722829 1.03590923
##                  MAPE      MASE       ACF1 Theil's U
## Training set 4.399828 0.5517943 0.01619145        NA
## Test set     2.853023 0.6082580 0.47705974 0.1348746
```

모형 ETS(A,A,A)인 `fit_lntour`의 test data에 대한 예측 오차가 조금 더 작은 것을 볼 수 있다. 두 모형의 예측 결과를 그림 3.18의 그래프로 비교해 보자. 함수 `autolayer()`에 `PI = FALSE`를 입력하면 예측 구간이 생략된다. 이것은 두 모형의 예측 구간이 함께 표시되면 서로 겹쳐지는 현상이 발생하기 때문에 생략한 것이다. 두 모형의 예측에는 큰 차이가 없음을 알 수 있다.

```
library(patchwork)
p1 <- autoplot(train_tour) +
  autolayer(test_tour, series = "Test data") +
  autolayer(fc_tour, PI = FALSE, series = "ETS(M,A,M)") +
  autolayer(fc_lntour, PI = FALSE, series = "ETS(A,A,A)") +
  labs(y = NULL, x = NULL, color = NULL) +
  theme(legend.position = "top")

p2 <- autoplot(test_tour, series = "Test data", size = .8) +
  autolayer(fc_tour, PI = FALSE, series = "ETS(M,A,M)",
            size = .8) +
  autolayer(fc_lntour, PI = FALSE, series = "ETS(A,A,A)",
```

```
            size = .8) +
  labs(y = NULL, x = NULL, color = NULL) +
  theme(legend.position = "top")

p1 + p2
```

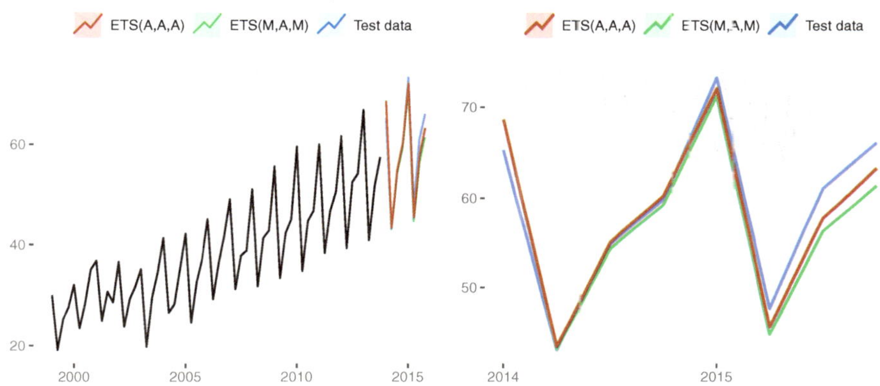

그림 3.18: **austourists** 자료에 대한 예측 결과 비교

모형 ETS(A,A,A)인 **fit_lntour**의 test data에 대한 예측 결과를 예측 구간과 함께 그림 3.19의 그래프로 나타내 보자.

```
library(patchwork)
p1 <- autoplot(fc_lntour) +
  autolayer(test_tour, color = "red", size = .8) +
  labs(x = NULL, y = NULL)
p2 <- autoplot(fc_lntour, include = 0) +
  autolayer(test_tour, color = "red", size = .8) +
  labs(y = NULL, x = NULL) +
  scale_x_continuous(breaks = c(2014.0, 2014.5, 2015.0, 2015.5),
                     labels = c("2014.Q1", "2014.Q4", "2015.Q1",
                                "2015.Q4"))
```

```
p1 + p2
```

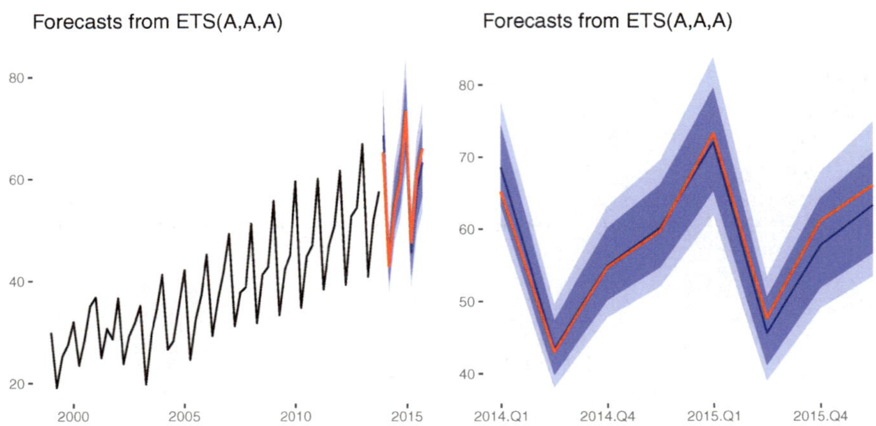

그림 3.19: **austourists** 자료에 대한 예측 결과

- 예제 3: 1965년 1월부터 1992년 7월까지 월별 실업 급여 수급 인원 수 (**fma::dole**)

fma::dole은 1965년 1월부터 1992년 7월까지 월별로 실업 급여를 받아간 인원 수 자료이다. 마지막 2년 자료를 test data로 분리해 보자.

```
train_d <- window(dole, end = c(1990, 7))
test_d <- window(dole, start = c(1990, 8))
```

두 자료에 대한 시계열 그래프는 그림 3.20과 같다. Test data는 빨간 선으로 표시했다. 1990년부터 갑작스런 증가세를 보이고 있으며, test data가 대부분 그 시기에 관측된 것이다. 따라서 예측이 상당히 어려운 것으로 보이는 상황이다.

ETS 모형을 적합해 보자.

그림 3.20: `dole` 자료의 시계열그래프

```
fit_d <- ets(train_d)
fit_d
```

```
## ETS(M,Ad,M)
##
## Call:
##  ets(y = train_d)
##
##   Smoothing parameters:
##     alpha = 0.7057
##     beta  = 0.1262
##     gamma = 0.2942
##     phi   = 0.8701
##
##   Initial states:
##     l = 2693.6084
##     b = 838.4198
```

```
##     s = 1.0776 0.9108 0.9286 0.9993 1.0254 1.0275
##            1.0028 0.9466 1.0225 0.9982 1.0038 1.0568
##
##   sigma:  0.0965
##
##      AIC      AICc       BIC
##  9930.864  9932.591 10003.373
```

가정 만족 여부를 확인해 보니, 독립성 가정에 문제가 있는 것을 볼 수 있다. 이런 경우, 점 예측값 (point forecast)에는 별다른 문제가 없겠지만, 예측 구간을 신뢰하기 어렵다고 할 수 있다.

```
checkresiduals(fit_d)
```

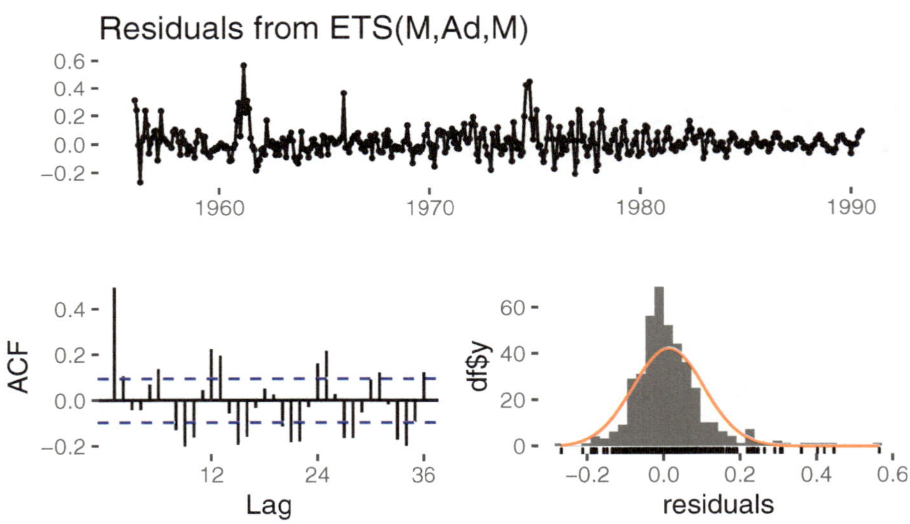


```
##
##  Ljung-Box test
##
## data:  Residuals from ETS(M,Ad,M)
## Q* = 270.13, df = 7, p-value < 2.2e-16
##
```

```
## Model df: 17.   Total lags used: 24
```

예측을 실시하고 평가해 보자.

```
fc_d <- forecast(fit_d, h = length(test_d))
accuracy(fc_d, test_d)
```

```
##                       ME      RMSE        MAE        MPE
## Training set    307.438  16094.96   9474.828  0.5940649
## Test set     208048.806 234353.38 208048.806 28.7917875
##                    MAPE      MASE      ACF1 Theil's U
## Training set  6.112239 0.2965093 0.5103798        NA
## Test set     28.791788 6.5107678 0.8895083  8.715368
```

MASE 값이 지나치게 큰 값이라는 것을 알 수 있다. 예측 결과를 그림 3.21의 그래프로 나타내 보자.

```
autoplot(fc_d) +
  autolayer(test_d, color = "red", size = .8) +
  labs(y = NULL, x = NULL)
```

예측이 완벽하게 벗어난 것을 볼 수 있다. 이와 같이 실업자 수가 갑작스럽게 증가하는 상황에서는 과거 자료만을 이용하는 시계열 모형으로는 효율적인 예측이 불가능하다고 하겠다.

Test data에서 발생한 갑작스런 변화의 충격을 완화시키는 방법으로 test data의 기간 축소를 생각할 수 있다. 이렇게 되면, 증가 추세가 training data에도 어느 정도 반영될 수 있을 것이다. 하지만 이 방법은 자료의 추세를 먼저 확인하고 test data의 기간을 변경하는 것이어서 정당한 자료 분리 방법은 아니라고 할 수 있다. 마지막 1년만을 test data로 남겨 놓고 모형 적합을 시도해 보자. 자료분리는 함수 `subset()`으로도 진행할 수 있다. 옵션 `end`와 `start`에 벡터에서 적용되는 방식의 인덱스를 지정할 수 있다.

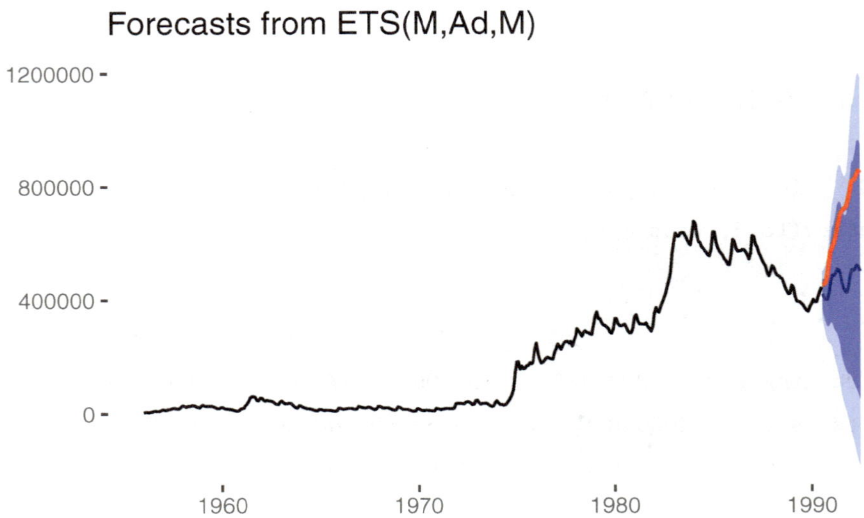

그림 3.21: dole 자료에 대한 예측 결과

```
train_d_1 <- subset(dole, end = length(dole) - 12)
test_d_1 <- subset(dole, start = length(dole) - 11)
```

변경된 training data를 사용해서 적합된 모형으로 마지막 1년 자료에 대한 예측을 실시해 보자. 훨씬 개선된 결과를 볼 수 있다.

```
fc_d_1 <- train_d_1 %>%
  ets() %>%
  forecast(h = length(test_d_1))
```

```
accuracy(fc_d_1, test_d_1)
```

```
##                     ME     RMSE      MAE       MPE     MAPE
## Training set  419.4624 18184.20 10856.63 0.5111136 6.268750
## Test set     5143.1303 46330.29 40948.53 1.0361996 5.319935
##                   MASE       ACF1 Theil's U
```

```
## Training set 0.3014767 0.5191139        NA
## Test set     1.1370959 0.8678915  2.792915
```

이제 예측 결과를 그림 3.22의 그래프로 나타내 보자.

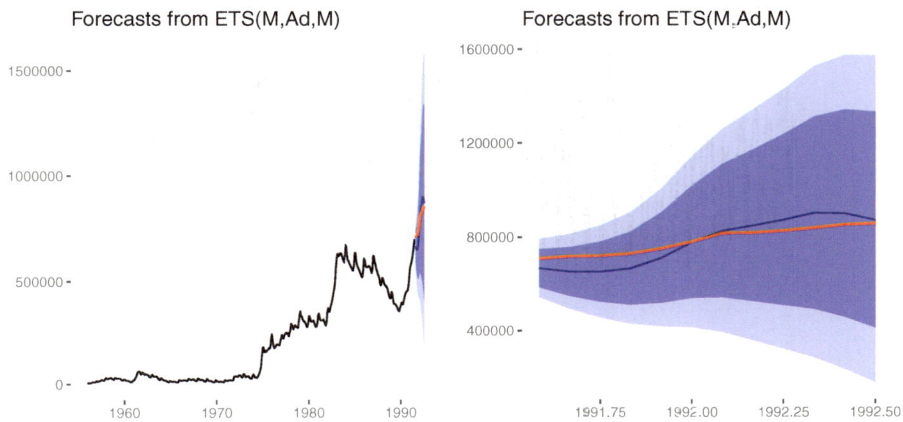

그림 3.22: dole 자료에 대한 예측 결과

- 예제 4: 2014년 4월 30일부터 1년간 Hyndsight 블로그 일일 방문자 수 (fpp2::hyndsight)

hyndsight는 2014년 4월 30일부터 1년간 Hyndman이 운영하는 블로그에 방문한 일일 방문자 수 자료이다. 자료의 시계열그래프는 그림 3.23에서 볼 수 있다.

일일 자료의 경우에 요일의 영향을 받는 자료라면 $m = 7$의 계절 주기를 갖게 된다. 자료 분리를 위해 2014년 4월 30일이 무슨 요일인지 확인해 보자.

```
lubridate::wday(as.Date("2014-4-30"), label = TRUE,
                locale="English_United States")
```

```
## [1] Wed
## Levels: Sun < Mon < Tue < Wed < Thu < Fri < Sat
```

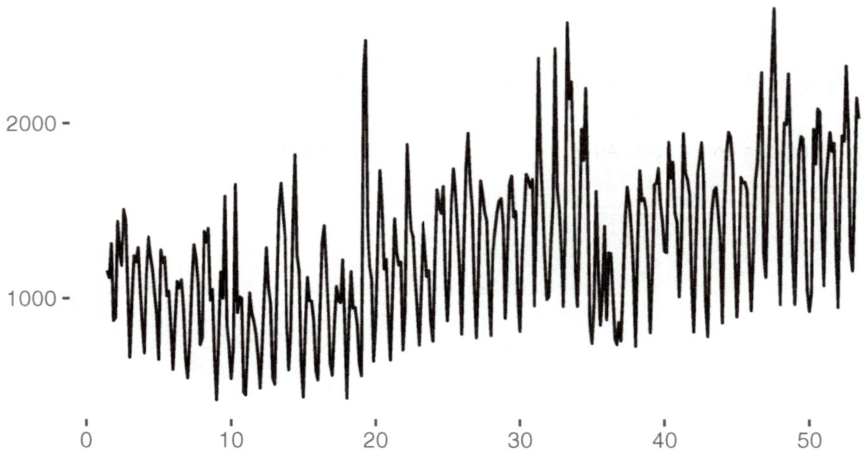

그림 3.23: **hyndsight** 자료의 시계열그래프

```
start(hyndsight); end(hyndsight)
```

```
## [1] 1 4
```

```
## [1] 53  4
```

2014년 4월 30일은 수요일이며, 자료의 시작 시점은 1주 4일 (수)이고 종료 시점은 53주 4일 (수)이 된다. Training data는 1주 4일부터 48주 4일까지로 하고, test data는 48주 5일부터 53주 4일까지 5주간으로 설정하자.

자료 분리는 함수 `window()`로 보통 진행하지만, 이렇게 자료의 개수로 분리하는 것이 더 편리한 경우에는 함수 `subset()`으로 진행 할 수 있다. 즉, 마지막 35일 자료를 test data로 분리해 보자.

```
train_hyn <- subset(hyndsight, end = length(hyndsight)-35)
test_hyn <- subset(hyndsight, start = length(hyndsight)-34)
```

ETS 모형을 적합해 보자. 추세는 없고, 오차와 계절 성분이 모두 가법 형태인 모형이 선택되었다.

```
fit_hyn <- ets(train_hyn)
fit_hyn
```

```
## ETS(A,N,A)
##
## Call:
##  ets(y = train_hyn)
##
##   Smoothing parameters:
##     alpha = 0.4426
##     gamma = 1e-04
##
##   Initial states:
##     l = 1173.6676
##     s = 296.9907 -34.3415 -457.6839 -271.7606 63.9589 172.9509
##            229.8854
##
##   sigma:  232.0085
##
##      AIC     AICc      BIC
## 5519.446 5520.136 5557.437
```

이제 예측을 진행해 보자.

```
fc_hyn <- forecast(fit_hyn, h = length(test_hyn))
accuracy(fc_hyn, test_hyn)
```

```
##                      ME     RMSE      MAE       MPE
## Training set   3.727848 228.8229 164.1102 -2.026679
## Test set     -73.167844 231.3494 180.9392 -8.044075
##                  MAPE      MASE      ACF1 Theil's U
## Training set 13.86475 0.7404020 0.1874059        NA
## Test set     13.09378 0.8163279 0.3712518 0.5878683
```

예측 결과를 그림 3.24의 그래프와 같이 작성해 보자. 빨간 실선은 test data 이고, 파란 실선이 예측 결과이다. 예측 구간은 80%와 95% 수준에서 각각 계산되는 것이 디폴트이며, 80% 예측 구간은 짙은 색으로 표시되고, 95% 예측 구간은 옅은 색으로 표시된다.

```
autoplot(fc_hyn, include = 0) +
  autolayer(test_hyn, color = "red", size = .8) +
  labs(x = NULL, y = NULL)
```

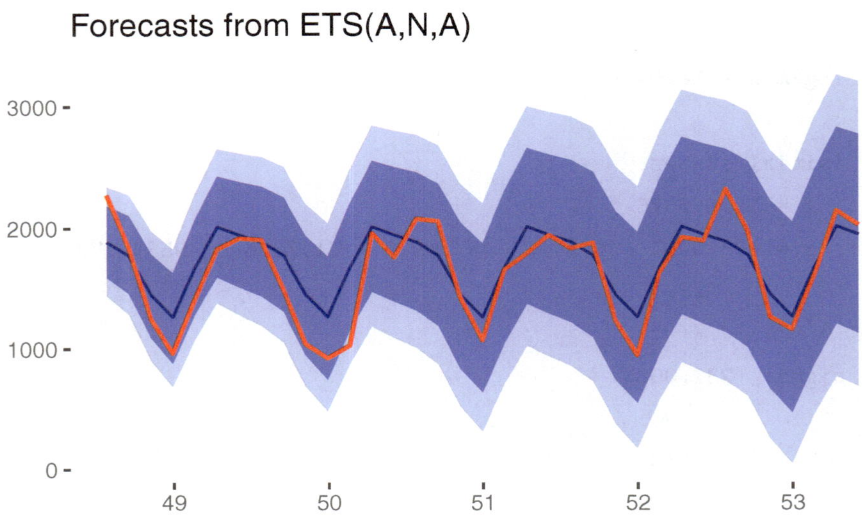

그림 3.24: **hynsight** 자료에 대한 예측 결과

제 4 장

ARIMA 모형

ARIMA 모형은 ETS 모형과 더불어 가장 많이 사용되는 예측 모형이다. ETS 모형은 자료에 있는 추세와 계절성분의 형태를 추정하고, 이것을 근거로 예측을 실시하는 방법이다. 이에 반하여 ARIMA 모형은 자료 사이에 존재하는 자기상관함수의 구조를 이용하여 자료의 변동을 설명하고 예측을 실시하는 방법이다.

ARIMA 모형은 '정상성'을 만족하는 자료를 대상으로 적용되는 모형이다. 정상성을 만족하지 않는 자료는 변환 과정을 거쳐서 정상성을 만족시킨 후 모형을 적합하게 된다.

4.1 시계열자료의 정상성

정상 시계열자료의 특징은 먼저 장기적으로 예측할 뚜렷한 패턴이 없는 것으로 보인다는 것이다. 또한 자료의 진폭도 일정한 것으로 보인다는 것인데, 이것은 자료의 특성이 관측된 시점과 관계 없이 일정하다는 것이다. 따라서 추세 또는 계절 변동이 있다면 정상 시계열자료가 아닌 것이다. 그림 4.1는 정상 시계열자료의 시계열 그래프이다.

4.1.1 정상 시계열자료

- 정상 시계열자료의 조건

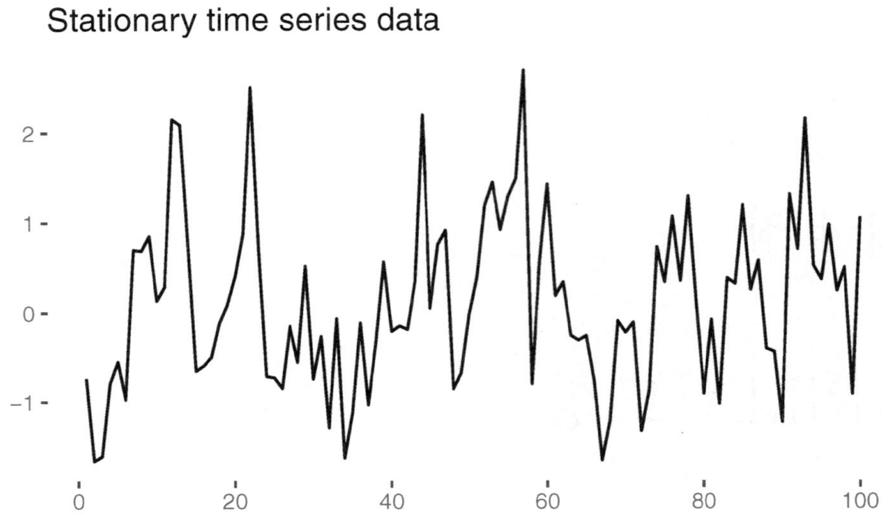

그림 4.1: 정상 시계열자료의 시계열 그래프

시계열자료의 특성이 관측된 시점과 관계 없이 일정하다는 것은 시계열자료 $\{y_t, y_{t+1}, \cdots, y_{t+s}\}$의 결합확률분포가 시점 t와 시차 s의 값에 관계 없이 항상 동일하다는 것으로 표현할 수 있는데, 이것을 '강한 의미의 정상성 조건'이라고 한다. 시계열자료의 결합 분포가 시간대가 변경되어도 항상 동일하다는 것이 정상성에 대한 정확한 표현이라고 하겠다. 문제는 주어진 자료가 이 조건을 만족하고 있는지 확인하기 상당히 어렵다는 점이다.

만족 여부의 확인이 어렵지 않도록 조건을 약화시켜서 '약한 의미의 정상성 조건'이라고 불리기도 하지만, 일반적으로 통용되는 '정상성 조건'은 다음과 같다.

시계열자료 y_t가 정상 시계열자료가 되기 위해서는 다음의 세 가지 조건을 모두 만족시켜야 한다.

1) $E(y_t) = \mu$: 시계열자료의 평균이 시점 t와 관계 없이 일정

2) $Var(y_t) = \sigma^2$: 시계열자료의 분산이 시점 t와 관계 없이 일정

3) $Cov(y_t, y_{t-k}) = \gamma_k$: 시계열자료의 자기공분산이 시점 t가 아닌 시차 k에만 의존

- 정상성 만족 여부 확인 방법

평균이 일정하기 위해서는 추세와 계절 변동이 없어야 하며, 분산이 일정하기 위해서는 자료의 진폭이 일정해야 한다. 따라서 평균과 분산이 일정한지 여부는 시계열 그래프로 확인을 할 수 있을 것이다. 그러나 자기공분산 또는 자기상관이 시차에만 의존한다는 것은 시계열 그래프로는 확인할 수 없는 내용이다. 주어진 시계열자료의 정상성 만족 여부를 확인하기 위해 일반적으로 사용되는 방법은 다음과 같다.

1) 시계열 그래프

특별한 추세 및 계절 변동 요소가 없으며 일정한 폭을 갖고 있는 변동인지 확인한다.

2) 표본 ACF 그래프

시차 k 값이 증가함에 따라 r_k 값이 빠르게 0으로 수렴하는지 여부를 확인한다.

3) 단위근 검정

정상성 만족 여부를 확인하기 위한 검정으로써, 특성함수의 근 중에 1이 포함되어 있다는 '비정상성' 가설을 검정한다. 특성함수에 대한 설명은 조신섭 · 손영숙 · 성병찬 [2015] 에서 찾아 볼 수 있다. 단위근 검정에는 다수의 검정 방법이 있으며, 그 중 하나인 KPSS 단위근 검정은 귀무가설이 정상성 만족인 검정으로써 함수 `urca::ur.kpss()`로 진행할 수 있다.

정상성 만족 여부를 확인하기 위해서는 시계열 그래프와 표본 ACF, 그리고 단위근 검정 결과를 함께 고려해야 한다. 3가지 방법이 항상 같은 결과를 보이는 것은 아니기 때문에 주어진 상황에 따라 적절한 판단을 해야할 것이다.

- 정상 시계열자료의 예 : 백색잡음 (White noise)

백색잡음은 대표적인 정상 시계열 모형이다. 확률 변수 ε_t 를 서로 독립이고, 평균이 0, 분산이 σ^2 라고 할 때, $y_t = \varepsilon_t$, $t = 1, 2, \ldots$ 라고 두면, y_t 는 백색잡음이라고 불리는 정상 시계열자료가 된다.

백색잡음에 해당하는 모의자료를 생성해서 함수 `ggtsdisplay()`로 시계열 그래프와 ACF, PACF를 작성한 것이 그림 4.2에 있다.

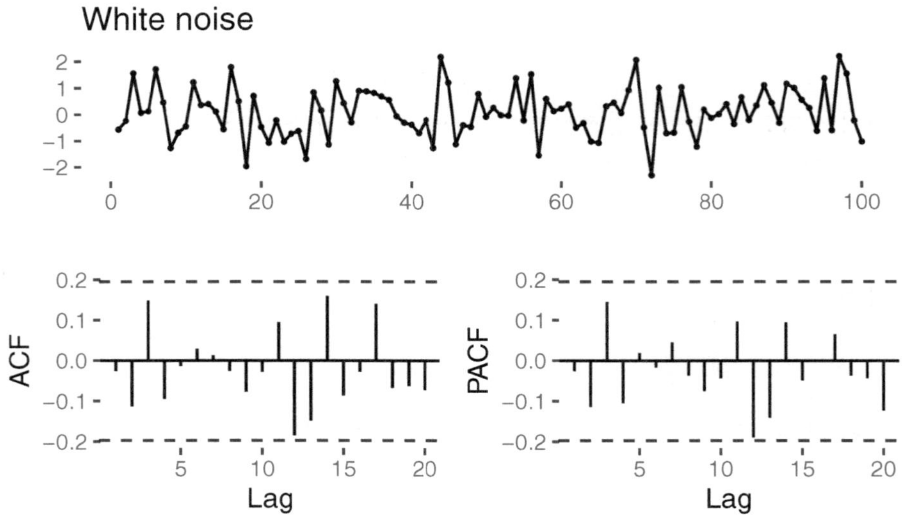

그림 4.2: 정상 시계열 그래프 예: 백색잡음

4.1.2 비정상 시계열 자료의 정상화

ARIMA 모형은 정상성을 만족하는 시계열자료만을 대상으로 적용할 수 있기 때문에, 비정상 시계열자료에 대해서는 비정상성 요소를 제거하는 변환 과정이 필요하다. 정상화 방법에 대해서는 분산이 일정하지 않은 경우와 level이 일정하지 않은 경우로 구분해서 살펴볼 수 있다. 만일 두 가지 비정상 요소가 모두 있는 경우에는 분산 안정화 변환을 먼저 실행해야 한다.

4.1.2.1 분산이 일정하지 않은 경우

- Box-Cox 변환

자료의 변동 폭이 level에 따라 달라지는 경우가 있다. 예를 들어, 자료에 추세 성분이 있으며, 그 추세가 증가함에 따라 변동 폭이 함께 증가하는 경우가 많이 있다. 이런 경우에는 자료 y_t를 $w_t = \log(y_t)$로 로그 변환시키면, 변환된 자료 w_t의 변동 폭이 일정해지는 효과를 보는 경우가 있다. 로그 변환을 시키면 숫자가 작아지게 되는데, 원자료의 크기가 클수록 줄어드는 정도가 더 커지는 효과가 있으며, 이러한 효과로 자료의 변동 폭을 일정하게 만들 수 있다. 또한 로그 변환은 2장에서 승법 모형을 가법 모형으로 변환시킬 때 사용했던 변환 방법으로써, 변환의 의미를 해석할 수 있다는 장점이 있다.

다른 방법으로 $w_t = y_t^p$ 형태의 변환인 거듭제곱 변환을 생각해 볼 수 있다. $p = 1/2$ 라 두면 제곱근 변환이 되는데, 로그 변환과 비슷한 효과를 볼 수 있는 변환이다. 로그 변환보다는 원자료의 축소 정도가 작은 변환이어서 변동 폭이 커지는 정도가 상대적으로 작은 경우에 적합한 변환이다.

그림 4.3에서 로그 변환과 제곱근 변환의 효과를 볼 수 있다. X축은 원자료 값이고 Y축은 변환된 자료의 값을 나타낸다. 로그 변환과 제곱근 변환된 자료는 원자료의 값이 증가함에 따라 원자료와 차이가 증가하는 것을 볼 수 있으며, 그 차이는 로그 변환의 경우가 더 크다는 것을 볼 수 있다.

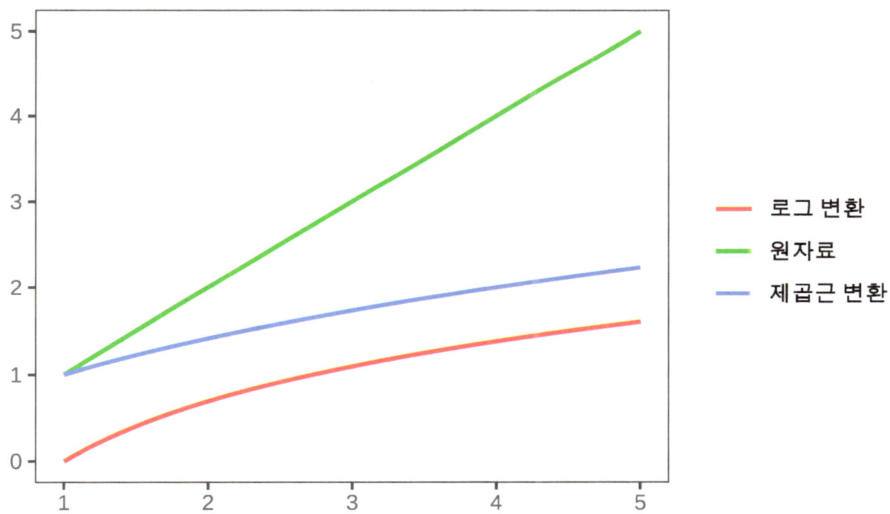

그림 4.3: 로그 변환과 제곱근 변환의 효과

로그 변환과 제곱근 변환을 포함한 변환 방법으로 Box-Cox 변환이 있다. 이 변환은 변환 모수 λ 값에 따라 다음과 같이 정의된다.

$$w_t = \begin{cases} \log(y_t) & \text{if } \lambda = 0 \\ (y_t^\lambda - 1)/\lambda & \text{otherwise} \end{cases} \tag{4.1}$$

Box-Cox 변환은 모든 자료가 양수인 경우에만 적용이 가능한 방법이며, 변환 모수 λ 는 최적화 조건에 의해 적정 값을 추정해서 사용하게 된다.

변환을 실행하면, 변환된 자료인 w_t 를 사용하여 모형을 적합하고 예측하게 되는데, 이렇게 예측된 결과는 y_t 단위로 역변환을 하게 된다. 예컨대, $w_t = \log(y_t)$ 라면, 로그 변환된 자료를 사용한 모형의 예측 결과인 $\hat{w}_{T+h}$에 역 변환인 지수 변환을 적용한 $\exp(\hat{w}_{T+h})$를 최종 예측 결과인 $\hat{y}_{T+h}$ 으로 사용한다는 것이다. Box-Cox 변환의 효과는 예측값인 $\hat{y}_{T+h}$ 보다는 예측구간에 더 큰 영향을 주게 된다.

- 예제: 호주의 1956년 1월부터 1995년 8월까지 월별 전기 생산량 자료 (`fma::elec`)

분산 안정화 변환이 필요한 자료의 예로써 1956년 1월부터 1995년 8월까지 호주의 월별 전기 생산량 자료인 `fma::elec`을 살펴보자. 시계열 그래프는 그림 4.4에서 볼 수 있다.

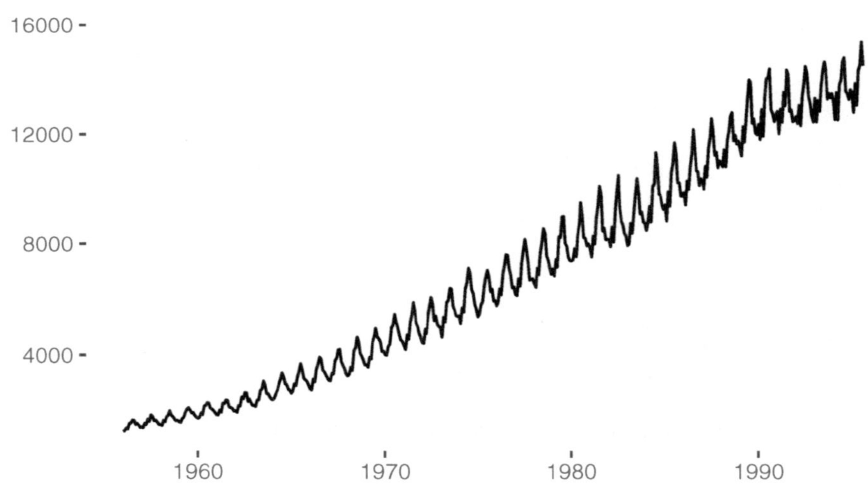

그림 4.4: `elec` 자료의 시계열 그래프

증가하는 추세가 있으며, 명확한 계절 성분이 있는 자료임을 알 수 있다. 또한 계절 성분의 변동 폭이 추세가 증가함에 따라 함께 증가하는 현상도 볼 수 있다.

Box-Cox 변환을 위한 함수에는 패키지 `forecast`의 함수 `BoxCox.lambda()`와 `BoxCox()`가 있다. 함수 `BoxCox.lambda()`는 주어진 자료에 대한 변환 모수 λ

의 적정 값을 추정하고, 함수 `BoxCox()`는 입력된 λ 값으로 자료의 변환을 실시한다.

이제 `elec` 자료에 대해 Box-Cox 변화을 실시해 보자.

```
(lambda <- BoxCox.lambda(elec))
```

```
## [1] 0.2654076
```

변환된 자료의 시계열 그래프를 그림 4.5에 작성해 보자.

```
autoplot(BoxCox(elec, lambda)) +
  labs(x = NULL, y = NULL)
```

그림 4.5: `elec` 자료에 Box-Cox 변환 실시

그림 4.5에서 볼 수 있듯이 Box-Cox 변환된 자료는 전체적으로 일정한 변동폭을 유지하고 있음을 알 수 있다. 그러나 변환된 자료인 $y_t^{0.2654}$ 에 대한 의미가 명확하지 않아서 해석에 문제가 있을 수 있다. 비교 차원에서 로그 변환을 실시해 보고, 결과를 비교해 보자.

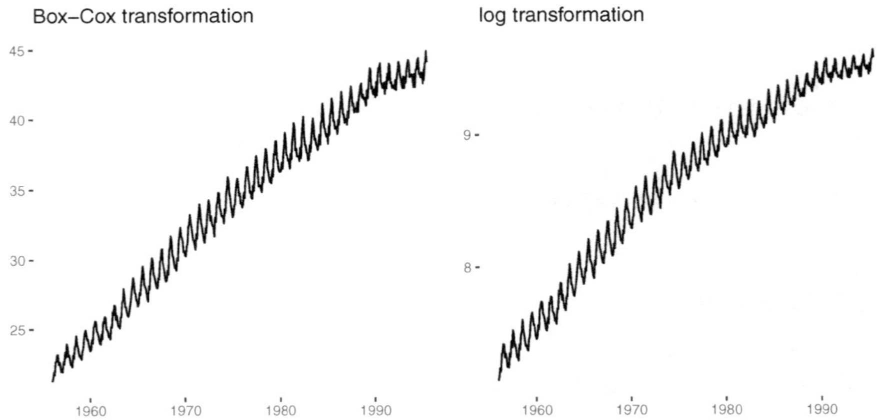

그림 4.6: `elec` 자료에 대한 분산안정화 변환의 비교

두 변환 결과에는 큰 차이가 없다는 것을 그림 4.6에서 확인 할 수 있다. 따라서 이 경우에는 승법 모형을 가법 모형으로 변환한다는 의미를 갖고 있어서 해석이 비교적 용이한 로그 변환을 사용하는 것이 더 좋을 것으로 보인다.

4.1.2.2 자료의 level이 일정하지 않은 경우

자료의 level이 일정하지 않다는 것은 추세 성분과 계절 성분이 있다는 것을 의미한다. 이런 경우에는 차분을 실시하여 비정상 요소를 제거하게 된다.

- 차분

차분이란 연속된 자료의 차이를 의미하는 것으로써 1차 차분은 다음과 같이 정의된다.

$$\nabla y_t = y_t - y_{t-1}$$

차분을 실시하면 선형 추세를 제거할 수 있다. 만일 $y_t = a + bt$ 라면, $\nabla y_t = (a+bt)-(a+b(t-1)) = b$ 가 되어 추세가 제거된 자료가 생성된다. 원자료의 개수가 T 개라면, 차분된 자료의 개수는 첫 번째 자료가 누락되어서 $T-1$ 개가 된다.

차분을 실시해야 하는 경우, 표본 ACF의 일반적인 형태는 r_1 이 큰 값을 갖고 있으며, r_k 가 매우 천천히 감소하는 모습을 보인다.

차분된 자료에 여전히 추세 성분이 남아 있는 경우가 있을 수 있다. 이런 현상은 추세 성분이 2차 곡선의 형태를 갖는 경우에 발생할 수 있다. 이런 경우에는 차분된 자료에 두 번째 차분을 실시하면 남아 있는 추세 성분을 제거할 수 있다.

$$
\begin{aligned}
\nabla^2 y_t &= \nabla y_t - \nabla y_{t-1} \\
&= (y_t - y_{t-1}) - (y_{t-1} - y_{t-2}) \\
&= y_t - 2y_{t-1} + y_{t-2}
\end{aligned}
$$

2차 차분을 실시하면 처음 두 자료가 누락되어 자료의 개수는 $T-2$ 개가 된다.

- 계절 차분

주기가 m 인 계절 성분이 존재하면, m 시차 떨어진 자료들 사이에 강한 상관관계가 존재하게 된다. 따라서 이러한 계절 성분을 제거하기 위해서는 m 시차 떨어진 자료들 사이의 차이를 계산하는 계절 차분을 실시해야 한다.

$$
\nabla_m\, y_t = y_t - y_{t-m}
$$

예를 들어 $m = 12$ 인 자료의 경우에, 계절 차분이란 연속된 두 연도의 월별 자료 차이를 의미하는 것이다. 계절 차분된 자료는 처음 m 개의 자료가 누락되어 자료 개수는 $T-m$ 개가 된다.

계절 성분이 강하게 존재하게 되면, 계절 주기 m의 배수인 $m, 2m, \ldots$ 에서 표본 ACF r_k 가 천천히 감소하는 형태를 보이게 된다.

강한 추세와 계절 성분이 모두 존재하는 경우에는 차분과 계절 차분을 모두 실시해야 비정상 요소를 제거할 수 있게 된다.

$$
\nabla\nabla_m\, y_t = (y_t - y_{t-m}) - (y_{t-1} - y_{t-m-1})
$$

이 때 계절 차분과 차분 중 어떤 것을 먼저 실시하든지 결과는 동일하다. 그러나 강한 계절 성분이 있는 경우 계절 차분을 먼저 실시하면 추세가 함께 제거되는 경우도 있다.

- 후진작용소

후진작용소 B는 시차를 사용해야 하는 경우에 매우 유용하게 사용되는 기호이며, 다음과 같이 정의된다.

$$By_t = y_{t-1}$$

즉, B가 y_t에 적용되면 시점을 하나 뒤로 옮기는 역할을 한다. 두 시점 뒤로 옮기는 작업은 후진 작용소를 두 번 적용시키면 된다.

$$B(By_t) = B^2 y_t = y_{t-2}$$

월별 자료의 경우에 이전 연도의 동일한 월 시점으로 옮기는 것은 $B^{12}y_t = y_{t-12}$ 로 나타낼 수 있다. 또한 차분을 후진작용소를 이용해서 표현할 수 있는데, 1차 차분은

$$\nabla y_t = y_t - y_{t-1} = y_t - By_t = (1-B)y_t$$

가 되고, 2차 차분은

$$\nabla^2 y_t = (1-B)^2 y_t$$

가 되며, 계절 차분은

$$\nabla_m \, y_t = y_t - y_{t-m} = y_t - B^m y_t = (1-B^m)y_t$$

가 된다.

- 비정상 시계열자료의 예: 확률보행 (Random walk)

대표적인 비정상 시계열 모형으로 확률보행 (Random walk) 모형이 있다. 확률보행 모형은 절편이 있는 모형과 절편이 없는 모형으로 구분할 수 있으며, 절편이 없는 확률보행 모형은 다음과 같이 정의된다.

$$y_t = y_{t-1} + \varepsilon_t$$

단, ε_t 는 백색잡음이다. 따라서 절편이 없는 확률보행 자료에 차분을 실시하면 백색잡음이 된다.

또한 절편이 있는 확률보행 모형은 다음과 같다.

$$y_t = \delta + y_{t-1} + \varepsilon_t$$

확률보행 자료의 일반적인 시계열 그래프 형태는 일정 기간 동안 상승하거나 하강하는 추세를 보이지만, 갑작스런 추세 방향의 전환이 발생할 수 있다. 절편이 있는 확률보행의 경우에는 절편의 크기가 충분히 큰 경우에는 계속적인 상승 혹은 하강하는 추세를 보일 수 있다.

확률보행 자료의 경우에는 효과적인 예측 방법이 존재하지 않는다. 자료를 차분하면 순수 random 요소만 남기 때문인데, 따라서 naive forecast ($\hat{y}_{t+1} = y_t$)가 유일하게 사용할 수 있는 예측 방법이 된다.

확률보행 모형에서 모의 자료를 발생시켜 시계열 그래프와 표본 ACF를 작성해 보자. 먼저 그림 4.7는 절편이 없는 확률보행 자료의 경우이다. 감소하다 갑자기 증가하는 추세가 있으며, 표본 ACF가 매우 천천히 감소하는 것을 볼 수 있다.

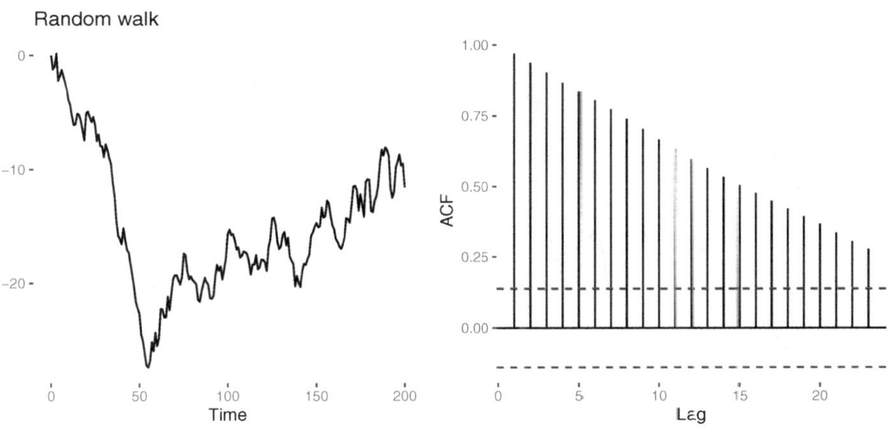

그림 4.7: 절편이 없는 확률보행 자료 예

다음에 그림 4.8는 절편이 있는 확률보행 자료의 경우이다. 절편이 양수인 경우이며, 백색잡음의 변동 폭에 비해 충분히 큰 값을 지정했다. 계속적인 증가 추세가 있으며 표본 ACF는 매우 천천히 감소하는 것을 볼 수 있다.

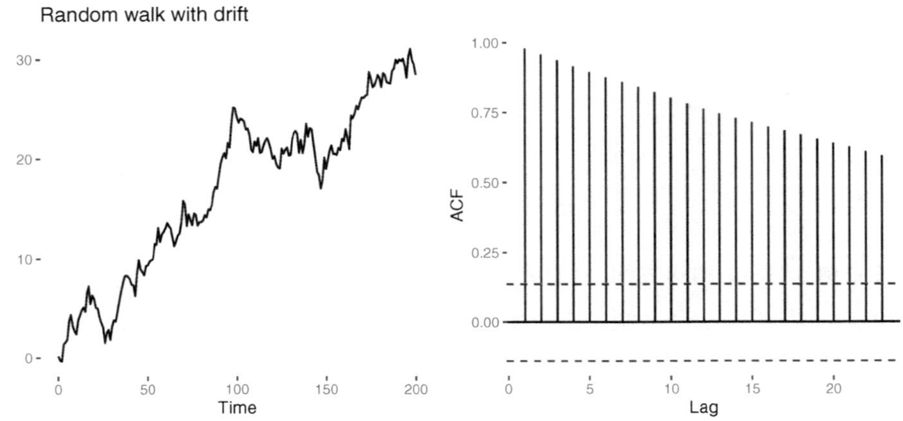

그림 4.8: 절편이 있는 확률보행 자료 예

- 예제 : Google 주가 자료 (`fpp2::goog200`)

Google 주가 자료인 `goog200`의 시계열 그래프와 표본 ACF를 작성해 보자. 대체적으로 증가하는 추세가 있으며, 표본 ACF가 매우 천천히 감소하고 있다.

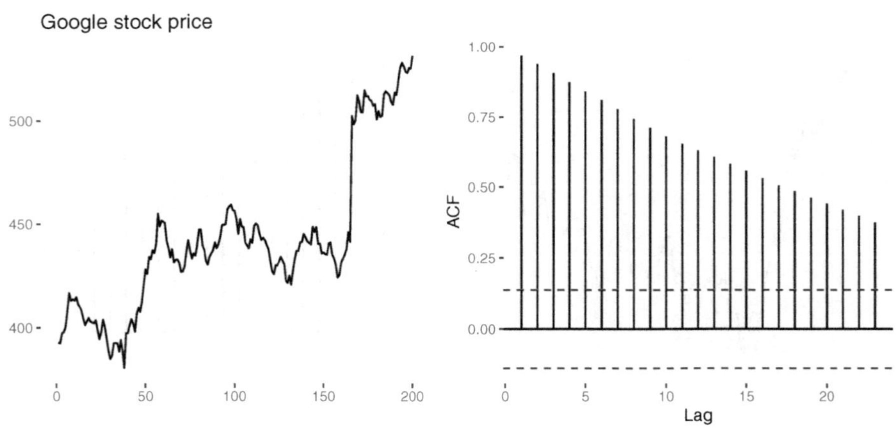

그림 4.9: `goog200` 자료의 시계열 그래프와 ACF

차분을 실시하기 위해 사용할 함수는 `diff()`이다. 사용법은 `diff(x, lag = 1, differences = 1)`이며, `x`는 차분하려는 자료이고, `lag`에는 차분 시차를 지정하는데, 디폴트는 1차 차분이고 계절 차분을 원한다면 계절 주기를 입력하면 된다. 또한 `differences`는 차분 차수를 지정하는 것으로써, 만일 `lag = 1`이고 `differences = 2`가 되면 2차 차분 $(1-B)^2 y_t$ 가 계산된다.

이제 goog200 자료를 1차 차분하고 결과를 확인해 보자.

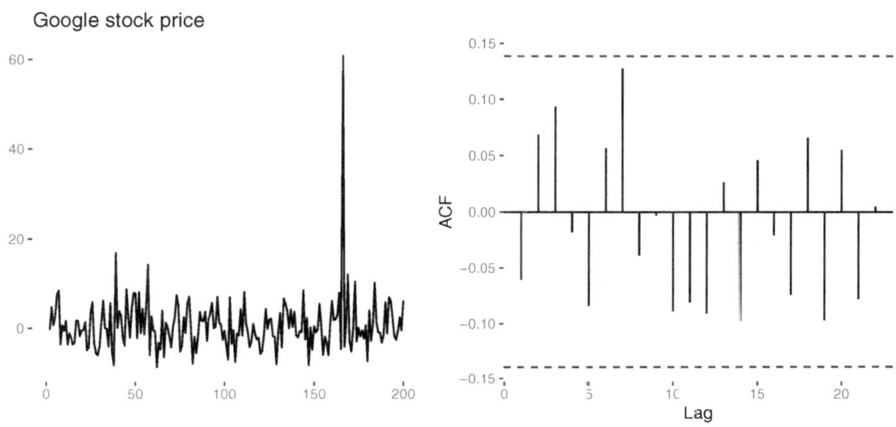

그림 4.10: goog200의 1차 차분된 자료의 시계열 그래프와 ACF

차분된 자료는 하나의 이상값을 제외하면 일정한 level을 유지하고 있으며, 표본 ACF의 모든 값들이 신뢰구간 안에 존재하고 있음을 알 수 있다. 따라서 차분된 자료는 백색잡음 자료로 보이며, 이것은 원자료가 확률보행 자료임을 나타내는 것이 된다.

goog200 자료를 대상으로 단위근 검정을 실시해 보자. 단위근 검정은 `urca::ur.kpss()`로 실시할 수 있지만, 함수 `forecast::ndiffs()`를 사용하면 정상성을 만족시키기 위한 차분의 횟수를 단위근 검정에 근거를 두고 추정해 준다.

```
ndiffs(goog200)
```

```
## [1] 1
```

즉, 1차 차분을 실시하면 정상성을 만족시킬 수 있다고 제안하는 것이다. 물론 `urca::ur.kpss()`로 단위근 검정을 실시해서 주어진 자료의 정상성 여부를

확인할 수 있다. |> 기호는 base R의 pipe 연산자이며, 기본적인 사용법은 %>% 와 동일하다.

```
library(urca)
goog200  |>
  ur.kpss() |>
  summary()
```

```
##
## #######################
## # KPSS Unit Root Test #
## #######################
##
## Test is of type: mu with 4 lags.
##
## Value of test-statistic is: 2.7441
##
## Critical value for a significance level of:
##                  10pct  5pct 2.5pct  1pct
## critical values 0.347 0.463  0.574 0.739
```

계산된 검정 통계량 값이 1% 유의수준의 임계값보다 크기 때문에 정상이라는 귀무가설을 기각할 수 있다. 1차 차분을 실시한 자료를 대상으로 단위근 검정을 실시해 보면, 귀무가설을 기각할 수 없기 때문에 1차 차분으로 정상성을 확보했다고 볼 수 있다.

```
goog200 |>
  diff() |>
  ur.kpss() |>
  summary()
```

```
##
## #######################
```

```
## # KPSS Unit Root Test #
## ########################
##
## Test is of type: mu with 4 lags.
##
## Value of test-statistic is: 0.1163
##
## Critical value for a significance level of:
##                 10pct  5pct 2.5pct  1pct
## critical values 0.347 0.463  0.574 0.739
```

- 예제 : 호주의 1956년 1월부터 1995년 8월까지 월별 전기 생산량 자료 (fma::elec)

그림 4.4에서 살펴본 elec는 증가하는 추세와 뚜렷한 계절 성분이 있으며, 분산이 시간이 흐름에 따라 증가하는 자료이다. 정상성을 만족시키기 위한 변환 절차에서 분산 안정화는 항상 가장 먼저 시행해야 한다. 로그 변환을 시행해서 분산을 안정화 시킨 자료의 시계열 그래프와 ACF는 그림 4.11에서 볼 수 있다.

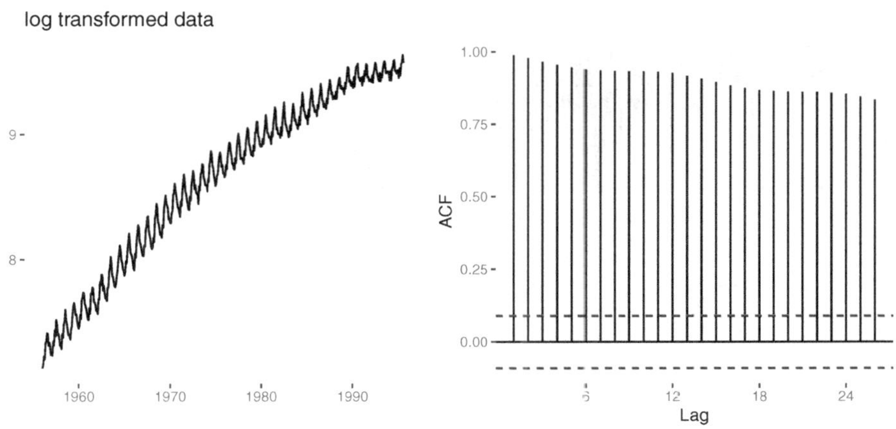

그림 4.11: elec에 로그 변환한 자료의 시계열 그래프와 ACF

뚜렷하게 존재하는 계절 성분을 제거하기 위해 계절 차분을 실시할 필요가 있는 것으로 보인다. 계절 차분의 경우에는 함수 forecast::nsdiffs()를 사용하면 계절 단위근 검정을 근거로 하여 계절 차분 횟수를 추정할 수 있다. 함수 `nsdiffs()`는 seasonal strength를 측정하는 통계량을 근거로 하여 차분 횟수를 추정하는 것이 디폴트이다.

```
elec |>
  log() |>
  nsdiffs()
```

```
## [1] 1
```

계절 차분을 실시한 자료를 대상으로 시계열 그래프와 ACF를 작성해 보자. 작성된 그래프는 그림 4.12에서 확인할 수 있다.

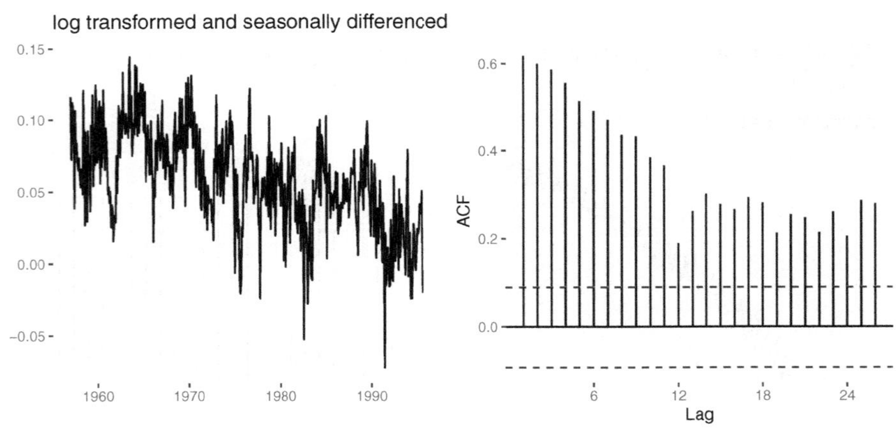

그림 4.12: 로그 변환된`elec`에 계절차분을 실시한 자료의 시계열 그래프와 ACF

그림 4.12에서 볼 수 있듯이 추세 성분이 아직 남아 있는 것으로 보인다. 이제 계절 차분된 자료에 1차 차분을 더 실시한 결과를 살펴보자. 그림 4.13에 나타난 패턴을 보면, 비정상 요소가 모두 제거되었음을 알 수 있다.

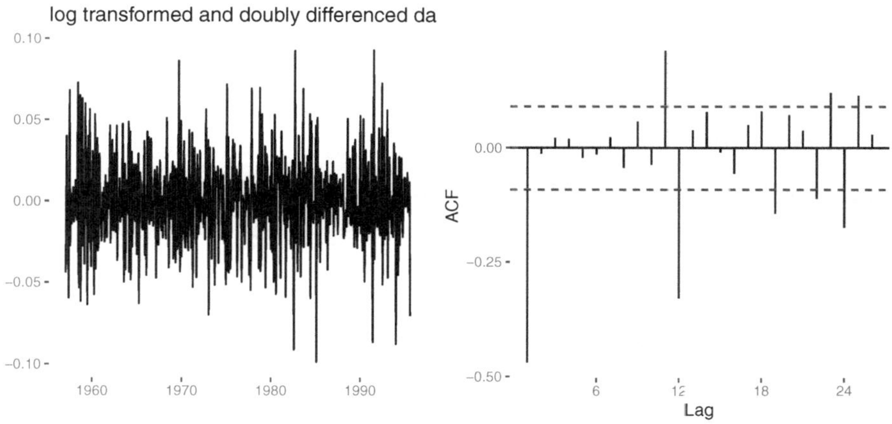

그림 4.13: 로그 변환된 `elec`에 계절차분과 1차 차분을 실시한 자료의 시계열 그래프와 ACF

4.2 정상 시계열 모형

ARIMA 모형을 구성하고 있는 정상 시계열 자료를 위한 모형에는 자기회귀 (Autoregressive; AR) 모형, 이동평균 모형 (Moving average; MA) 모형, 그리고 자기회귀이동평균 (Autoregressive Moving average; ARMA) 모형이 있다.

4.2.1 자기회귀모형 (Autoregressive model; AR model)

과거 자료의 선형 결합으로 미래 자료를 예측하려는 모형으로써, p차 자기회귀 모형 또는 AR(p)라고 불리는 모형은 다음과 같이 표현된다.

$$y_t - \mu = \phi_1(y_{t-1} - \mu) + \cdots + \phi_p(y_{t-p} - \mu) + \varepsilon_t$$

단, ε_t는 평균이 0이고 분산이 σ^2 인 백색잡음, 즉 $\varepsilon_t \sim WN(0, \sigma^2)$ 이고 $E(y_t) = \mu$ 이다.

평균 μ를 절편의 형식으로 정리한 표현식은 다음과 같다.

$$y_t = \delta + \phi_1 y_{t-1} + \cdots + \phi_p y_{t-p} + \varepsilon_t \tag{4.2}$$

단, $\delta = \mu(1 - \phi_1 - \cdots - \phi_p)$.

식 (4.2)에서 시계열자료 y_t 가 과거 시점 자료인 $y_{t-1}, y_{t-2}, \cdots, y_{t-p}$ 의 선형 결합으로 나타낼 수 있음을 알 수 있다. 따라서 자기회귀, 즉 자기 자신의 과거 값과의 회귀라는 용어로 표현할 수 있는 것이다.

후진작용소에 의한 표현식은 식 (4.2)에서 다음과 같이 유도할 수 있다.

$$\begin{aligned} y_t - \phi_1 y_{t-1} - \cdots - \phi_p y_{t-p} &= \delta + \varepsilon_t \\ (1 - \phi_1 B - \cdots - \phi_p B^p) y_t &= \delta + \varepsilon_t \\ \phi(B) y_t &= \delta + \varepsilon_t \end{aligned}$$

단, $\phi(B) = 1 - \phi_1 B - \cdots - \phi_p B^p$

- AR(1) 모형 : $y_t = \delta + \phi_1 y_{t-1} + \varepsilon_t$

AR(1) 모형은 현 시점의 자료가 1시차 이전 자료와 직접적인 관련이 있고, 그 이전 시점의 자료와는 직접적인 연관이 없는 모형이다. 자료의 형태는 모수 ϕ_1 값에 따라 달라지게 된다. 예를 들어, $\mu = 0$ 를 가정한 상태에서 $\phi_1 = 0.8$ 과 $\phi_1 = -0.8$ 인 경우에 대한 모의자료를 발생시켜 작성한 시계열 그래프가 그림 4.14이다.

AR(1) 모형에서 $\phi_1 > 0$ 인 경우에는 일단 양의 값 (또는 음의 값)을 갖게 되면 일정 기간 지속되는 경향이 있음을 알 수 있고, $\phi_1 < 0$ 인 경우에는 양의 값과 음의 값이 번갈아 반복되는 경향이 있음을 알 수 있다. 이것은 AR(1) 모형의 1차 자기상관계수 ρ_1 이 y_{t-1} 의 계수인 ϕ_1 과 같기 때문이다.

AR(1) 모형은 ϕ_1 의 값에 따라서 다른 모형과 동일한 모형이 되는데, $\phi_1 = 0$ 이면, $y_t = \varepsilon_t$ 가 되어 백색잡음 모형이 되고, $\phi_1 = 1$, $\delta = 0$ 이면, $y_y = y_{t-1} + \varepsilon_t$ 가 되어, 절편이 없는 확률보행 모형이 되고, $\phi_1 = 1$, $\delta \neq 0$ 이면, $y_y = \delta + y_{t-1} + \varepsilon_t$ 가 되어, 절편이 있는 확률보행 모형이 된다.

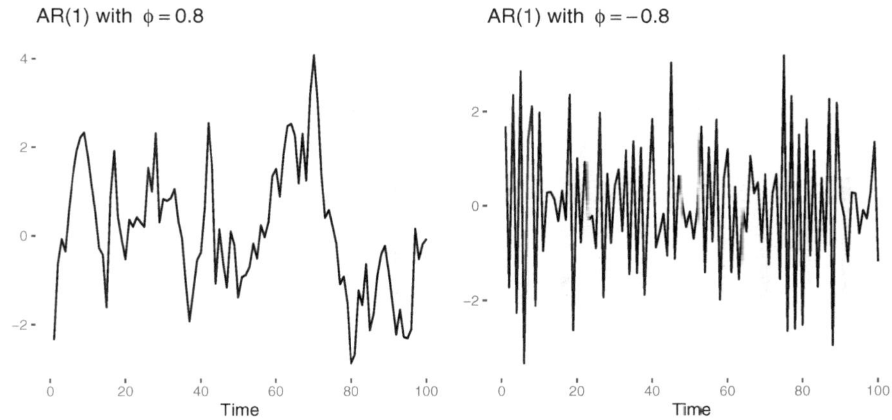

그림 4.14: AR(1) 모형에서 발생시킨 모의자료 시계열 그래프

이렇듯 AR(1) 모형은 ϕ_1 값에 따라서 정상 시계열 모형 또는 비정상 시계열 모형이 된다. 따라서 AR(1) 모형이 정상 시계열 모형이 되기 위해서는 '정상성 조건'을 만족시켜야 한다. AR(1) 모형에서의 정상성 조건은 $-1 < \phi_1 < 1$ 이다.

AR(1) 모형의 이론적 ACF와 PACF의 형태를 살펴보자. $\phi_1 = 0.8$ 인 경우에 대한 이론적 ACF와 PACF가 그림 4.15에 있다. ACF는 지수적으로 감소하는 형태를 취하고 있고, PACF는 1시차 이후에는 0이 되는 절단 현상을 보이고 있다.

$\phi_1 = -0.8$ 인 경우에 대한 이론적 ACF와 PACF가 그림 4.16에 있다. ACF는 양과 음의 값을 번갈아 가지며 지수적으로 감소하고 있고, PACF는 1시차 이후 절단된 모습이다.

- AR(2) 모형: $y_t = \delta + \phi_1 y_{t-1} + \phi_2 y_{t-2} + \varepsilon_t$

AR(2) 모형에서 y_t는 y_{t-1}과 y_{t-2}의 선형결합으르 표현된다. 즉, 현 시점의 자료는 가장 최근 두 시점의 자료와 직접적인 관련이 있고, 그 이전 시점의 자료는 간접적인 관련만 있다는 것을 의미한다. 따라서 직접적인 상관 관계를 측정하는 부분상관계수는 AR(2) 모형의 경우에는 2시차 이후에는 0의 값을 갖게 된다.

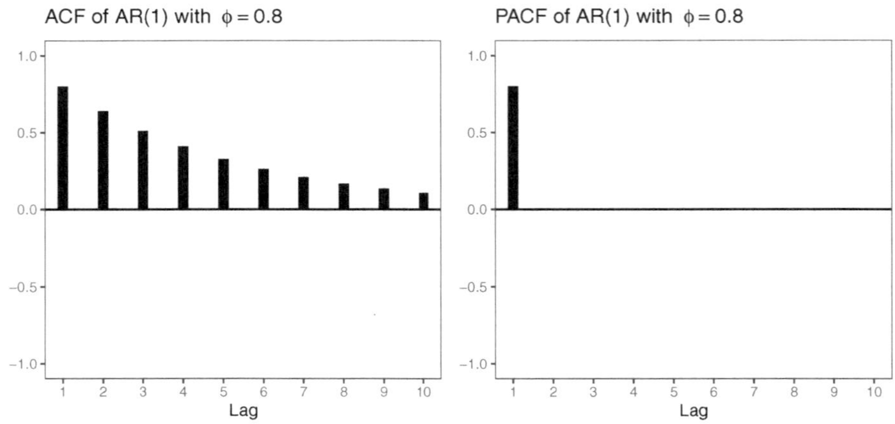

그림 4.15: AR(1) 모형의 이론적 ACF, PACF

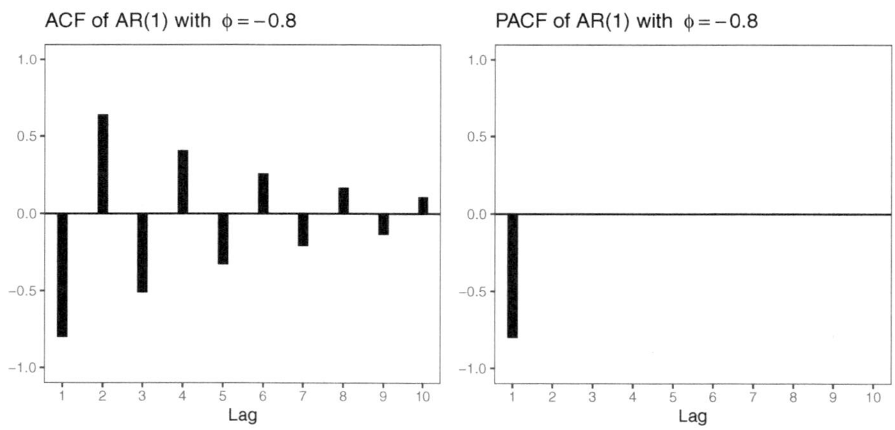

그림 4.16: AR(1) 모형의 이론적 ACF, PACF

AR(2) 모형의 정상성 조건은 $-1 < \phi_2 < 1$, $\phi_1 + \phi_2 < 1$, $\phi_2 - \phi_1 < 1$ 이다.

AR(2) 모형의 이론적 ACF와 PACF의 형태를 살펴보자. ϕ_1과 ϕ_2 값의 조합에 따라 다른 형태를 보이는데, 차이가 나는 것은 ACF의 형태이고 PACF는 항상 2시차 이후 절단 형태를 보인다. 이론적 ACF의 첫 번째 유형은 지수적 감소이고, 두 번째 유형은 소멸하는 sine 함수 형태이다. 그림 4.17는 $\phi_1 = -0.5, \phi_2 = 0.2$ 의 모형에 대한 것이고, 그림 4.18는 $\phi_1 = 0.7, \phi_2 = 0.2$ 의 모형에 대한 것이다. 두 경우 모두 첫 번째 ACF 유형인 지수적 감소 형태이다.

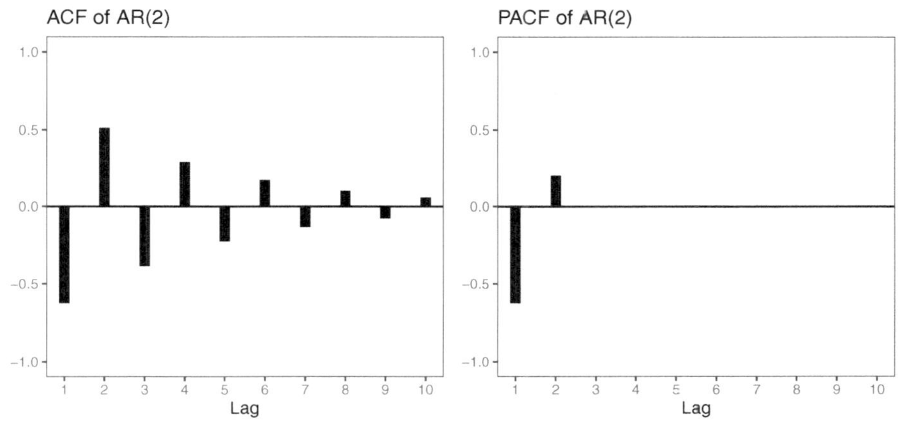

그림 4.17: AR(2) 모형의 이론적 ACF, PACF

그림 4.19는 $\phi_1 = -0.8, \phi_2 = -0.7$ 의 모형에 대한 것이고, 그림 4.20는 $\phi_1 = 1.3, \phi_2 = -0.6$의 모형에 대한 것이다. 두 경우 모두 두 번째 ACF 유형인 소멸하는 sine 함수 형태이다.

- AR(p) 모형, $p \geq 3$

3차 이상의 차수를 갖는 AR 모형의 경우에는 정상성 조건이 매우 복잡한 형태가 된다. 그러나 R 함수가 정상성 조건을 고려해서 모수를 추정하기 때문에 사용자가 일일이 확인할 필요는 없다.

AR(p) 모형의 이론적 ACF와 PACF의 형태는 AR(2)의 경우와 유사한 패턴을 보이게 되는데, ACF는 지수적 감소 혹은 소멸하는 sine 함수의 형태를 취하고

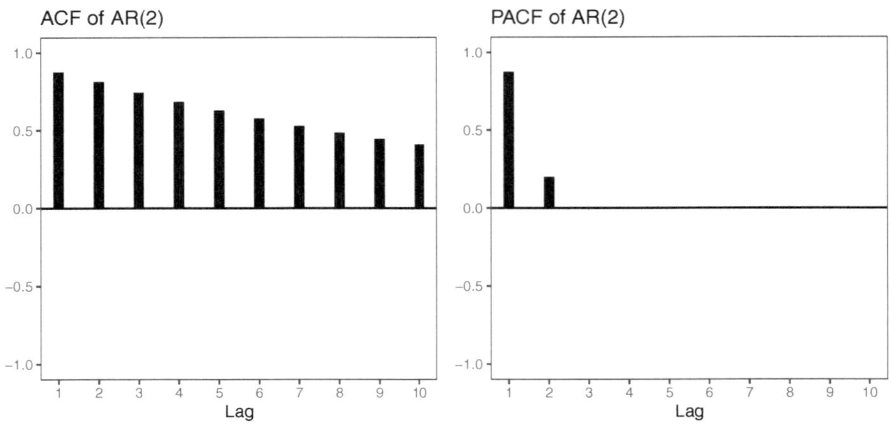

그림 4.18: AR(2) 모형의 이론적 ACF, PACF

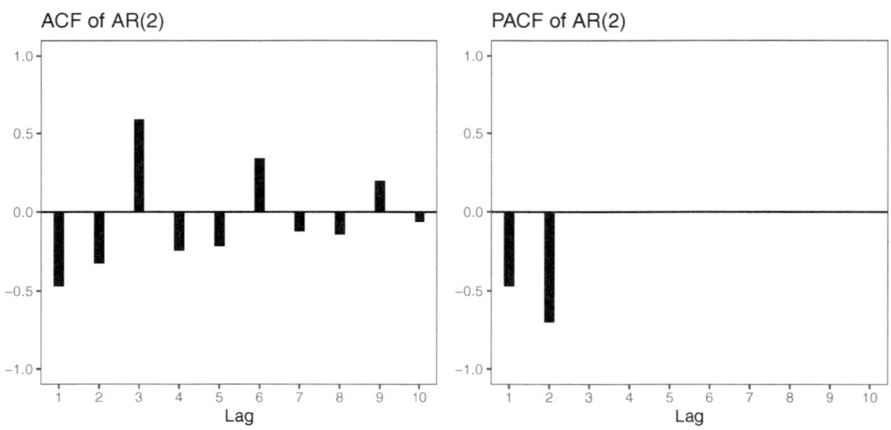

그림 4.19: AR(2) 모형의 이론적 ACF, PACF

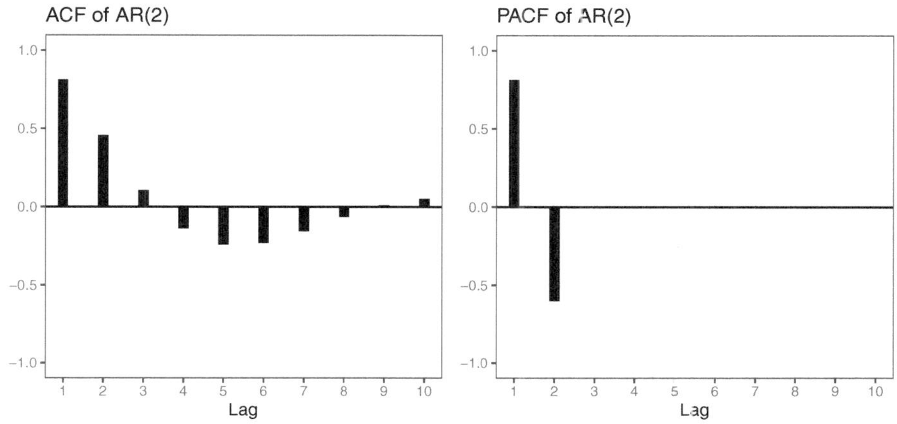

그림 4.20: AR(2) 모형의 이론적 ACF, PACF

있고, PACF는 p 시차까지는 0이 아닌 값을 갖고 있지만 그 이후에는 0이 되는 절단 현상을 보이게 된다. 따라서 AR(p) 모형의 경우에는 PACF를 이용하여 차수 p를 인식할 수 있게 된다.

4.2.2 이동평균모형 (Moving average model; MA model)

q 차 이동평균모형 혹은 MA(q)라고 불리는 모형은 다음과 같이 표현된다.

$$\begin{aligned} y_t - \mu &= \varepsilon_t + \theta_1 \varepsilon_{t-1} + \cdots + \theta_q \varepsilon_{t-q} \\ &= (1 + \theta_1 B + \cdots + \theta_q B^q)\varepsilon_t \\ &= \theta(B)\varepsilon_t \end{aligned}$$

단, $\theta(B) = 1 + \theta_1 B + \cdots + \theta_q B^q$ 이고, $\varepsilon \sim WN(0, \sigma^2)$ 이며, $E(y_t) = \mu$ 이다.

MA(q) 모형은 현 시점의 백색잡음 오차와 과거 q 시차까지의 백색잡음 오차의 선형결합으로 표현된다. 유한개의 백색잡음의 선형결합이기 때문에 정상성은 항상 만족된다.

- MA(1) 모형 : $y_t - \mu = \varepsilon_t + \theta_1 \varepsilon_{t-1} = (1 + \theta_1 B)\varepsilon_t$

MA(1) 모형에서 생성된 자료의 형태는 모수 θ_1 값에 따라 달라지게 된다. 예를 들어, $\mu = 0$ 를 가정한 상태에서 $\theta_1 = 0.8$ 과 $\theta_1 = -0.8$ 인 경우에 대한 모의자료를 발생시켜 작성한 시계열 그래프가 그림 4.21이다.

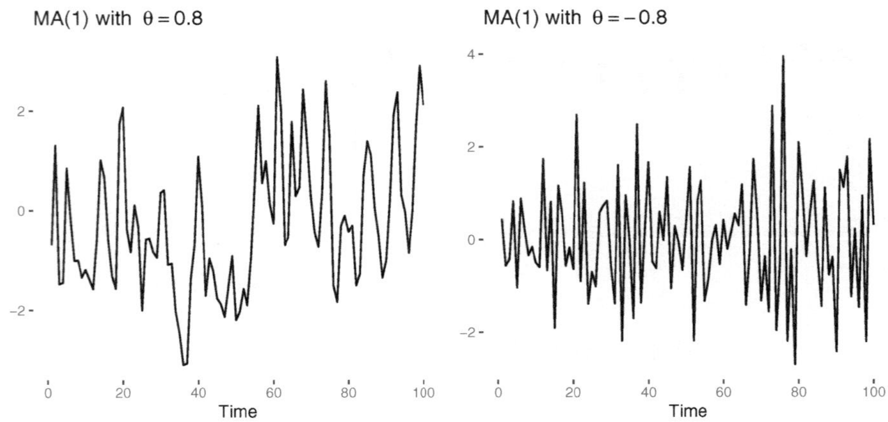

그림 4.21: MA(1) 모형에서 발생시킨 모의자료 사계열 그래프

AR(1) 모형에서 관찰된 것과 매우 흡사한 패턴을 MA(1)에서도 볼 수 있다. $\theta_1 > 0$ 인 경우에는 일단 양의 값 (혹은 음의 값)이 되면 일정 기간 지속되는 경향이 있으며, $\theta_1 < 0$ 인 경우에는 양과 음의 값이 번갈아 반복되는 경향이 있음을 알 수 있다.

MA(1) 모형의 이론적 ACF와 PACF의 형태를 살펴보자. $\theta_1 = 0.8$ 인 경우에 대한 이론적 ACF와 PACF가 그림 4.22에 있다. ACF는 1시차 이후 절단 현상을 보이고 있고, PACF는 양과 음의 값을 번갈아 가지며 지수적인 감소 형태를 취하고 있다.

$\theta_1 = -0.8$ 인 경우에 대한 이론적 ACF와 PACF는 그림 4.23에 있다. ACF는 1시차 이후 절단 현상을 보이고 있고, PACF는 지수적인 감소 형태를 취하고 있다.

- AR 모형과 MA 모형의 관계

정상성 조건을 만족하는 AR(p) 모형은 MA(∞) 모형으로 표현하는 것이 가능하다. 예를 들어, AR(1) 모형에서 정상성 조건인 $-1 < \phi_1 < 1$ 이 만족된다고

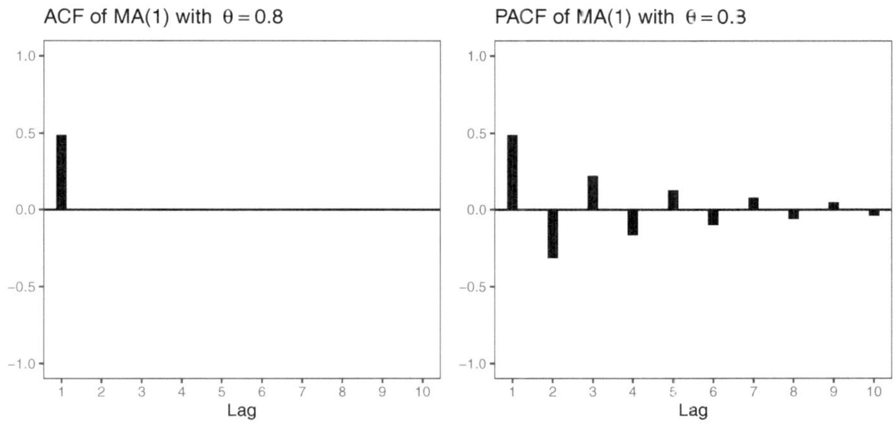

그림 4.22: MA(1) 모형의 이론적 ACF, PACF

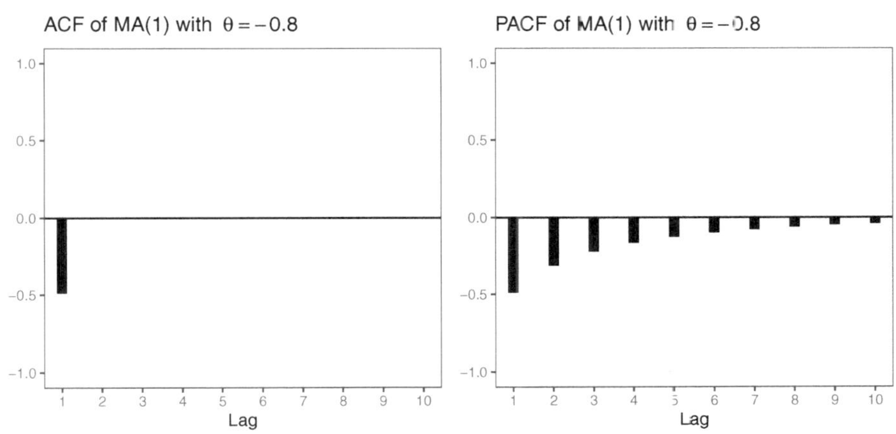

그림 4.23: MA(1) 모형의 이론적 ACF, PACF

가정하자. $\mu = 0$ 이라 두면, AR(1) 모형은 $y_t = \phi_1 y_{t-1} + \varepsilon_t$ 가 되는데, 여기에서 $y_{t-1} = \phi_1 y_{t-2} + \varepsilon_{t-1}$ 으로 표현되는 것을 이용하면 다음의 결과를 유도해 볼 수 있다.

$$\begin{aligned} y_t &= \phi_1 y_{t-1} + \varepsilon_t \\ &= \phi_1(\phi_1 y_{t-2} + \varepsilon_{t-1}) + \varepsilon_t \\ &\vdots \\ &= \varepsilon_t + \phi_1 \varepsilon_{t-1} + \phi_1^2 \varepsilon_{t-2} + \cdots \end{aligned}$$

첫 번째 수식은 AR(1) 모형을 나타낸 것이고, 마지막 수식은 MA(∞) 모형을 표현한 것이 된다. $-1 < \phi_1 < 1$ 의 조건이 있기 때문에 $k \to \infty$ 가 되면, $\phi_1^k \to 0$ 되어서 무한합으로 인한 문제는 없게 된다. 따라서 정상 AR(1) 모형은 MA(∞) 모형으로 표현이 되며, 비슷한 방식으로 정상 AR(p) 모형을 MA(∞)로 표현됨을 보일 수 있다.

또한 MA(q) 모형도 AR(∞) 모형으로 표현할 수 있다. 예를 들어, MA(1) 모형인 $y_t = \varepsilon_t + \theta_1 \varepsilon_{t-1}$ 경우에 다음과 같은 결과를 유도할 수 있다.

$$\begin{aligned} \varepsilon_t &= y_t - \theta_1 \varepsilon_{t-1} \\ &= y_t - \theta_1(y_{t-1} - \theta_1 \varepsilon_{t-2}) = y_t - \theta_1 y_{t-1} + \theta_1^2 \varepsilon_{t-2} \\ &\vdots \\ &= y_t + \sum_{j=1}^{\infty} (-\theta_1)^j y_{t-j} \end{aligned}$$

무한합으로 인한 문제는 $\sum_{j=1}^{\infty} (-\theta_1)^j < \infty$ 가 만족되면 해결되는데, 이것이 만족되기 위해서는 $|\theta_1| < 1$ 의 조건이 필요하게 되며, 이것을 가역성 조건이라고 한다. 즉, 가역성 조건을 만족하는 MA(q) 모형은 AR(∞) 모형으로 표현할 수 있다.

- MA 모형의 가역성 조건

일반적으로 MA(q) 모형은 2^q 개의 모형이 동일한 ACF 형태를 가질 수 있다. 예를 들어, 다음의 두 MA(1) 모형의 ACF는 동일하다.

$$y_t = \varepsilon_t + \theta_1 \varepsilon_{t-1}$$

$$y_t = \varepsilon_t + \frac{1}{\theta_1} \varepsilon_{t-1}$$

이런 경우에 ACF만으로는 MA 모형을 인식할 수 없다는 문제가 발생한다. 이러한 문제는 가역성 조건을 사용함으로써 해결될 수 있는데, 2^q 개의 MA(q) 모형 중 가역성 조건을 만족하는 모형은 하나 밖에 없기 때문이다. 따라서 MA(q) 모형은 반드시 가역성 조건을 만족시켜야 하며, MA(1) 모형의 경우에는 $-1 < \theta_1 < 1$ 이 가역성 조건이다.

- MA(2) 모형 : $y_t - \mu = \varepsilon_t + \theta_1 \varepsilon_{t-1} + \theta_2 \varepsilon_{t-2} = (1 - \theta_1 B + \theta_2 B^2)\varepsilon_t$

MA(2) 모형의 가역성 조건은 다음과 같다.

$$-1 < \theta_2 < 1, \quad \theta_1 + \theta_2 > -1, \quad \theta_1 - \theta_2 < 1$$

AR(2) 모형의 정상성 조건과 유사함을 알 수 있다.

MA(2) 모형의 이론적 ACF와 PACF의 형태를 살펴보자. 그림 4.24은 $\theta_1 = 1.6, \theta_2 = 0.7$ 의 모형에 대한 이론적 ACF와 PACF이다. ACF는 2시차 이후 절단 한상을 보이고 있고, PACF는 지수적 감소의 형태를 보이고 있다.

그림 4.25는 $\theta_1 = -0.8, \theta_2 = 0.7$ 의 모형에 대한 이론적 ACF와 PACF이다. ACF는 2시차 이후 절단 한상을 보이고 있고, PACF는 소멸하는 sine 함수의 형태를 보이고 있다.

- MA(q) 모형, $q \geq 3$

3차 이상의 차수를 갖는 MA 모형의 경우에는 가역성 조건이 매우 복잡한 형태가 된다. 그러나 R 함수가 정상성 조건을 고려해서 모수를 추정하기 때문에 사용자가 일일이 확인할 필요는 없다.

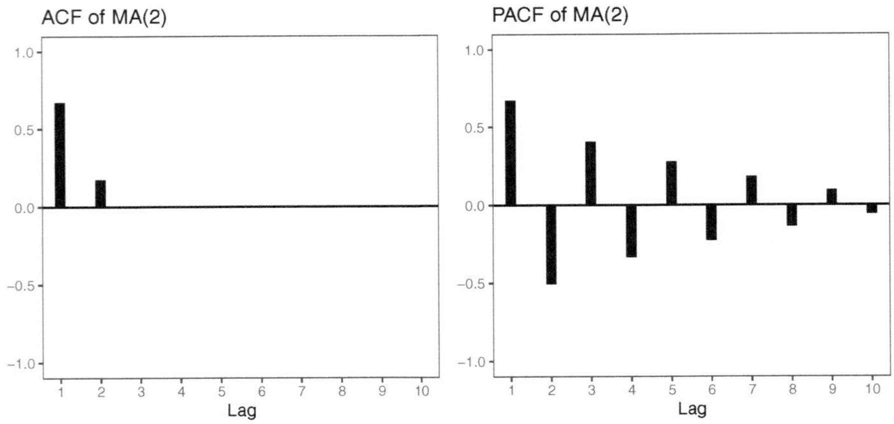

그림 4.24: MA(2) 모형의 이론적 ACF, PACF

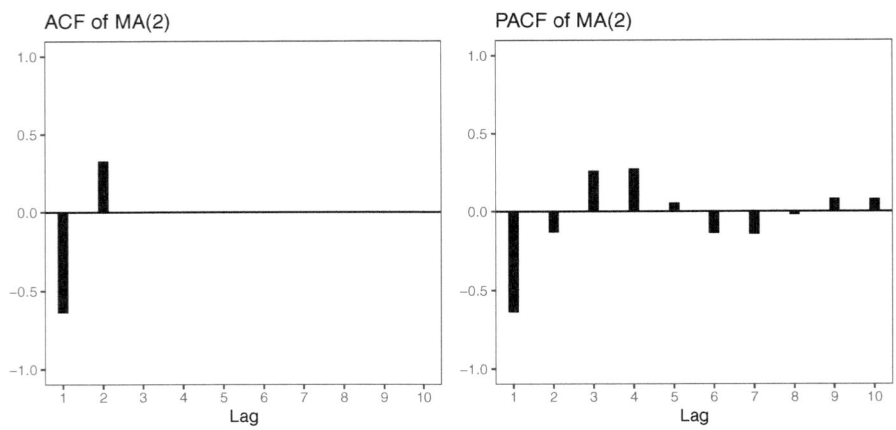

그림 4.25: MA(2) 모형의 이론적 ACF, PACF

MA(q) 모형의 이론적 ACF와 PACF의 형태는 MA(2)의 경우와 유사한 패턴을 보이게 되는데, ACF는 q 시차까지는 0이 아닌 값을 갖고 있지만 그 이후에는 0이 되는 절단 현상을 보이고, PACF는 지수적 감소 혹은 소멸하는 sine 함수의 형태를 보이게 된다. 따라서 MA(q) 모형의 경우에는 ACF를 이용하여 차수 q를 인식할 수 있게 된다.

4.2.3 자기회귀이동평균모형 (Autoregressive mcving average model; ARMA model)

자기회귀이동평균 모형은 자기회귀모형과 이동평균 모형의 혼합 모형이다. AR(p) 모형과 MA(q) 모형의 혼합 모형은 ARMA(ɔ,q) 모형이 되며, 모형식은 다음과 같다.

$$y_t = \delta + \phi_1 y_{t-1} + \cdots + \phi_p y_{t-p} + \varepsilon_t + \theta_1 \varepsilon_{t-1} + \cdots + \theta_q \varepsilon_{t-q} \tag{4.3}$$

단, $\delta = \mu(1 - \phi_1 - \cdots - \phi_p)$ 이다.

후진작용소를 사용한 모형식은 식 (4.3)에서 다음과 같이 표현할 수 있다.

$$\begin{aligned}(1 - \phi_1 B - \cdots - \phi_p B^p) y_t &= \delta + (1 + \theta_1 B + \cdots + \theta_q B^q)\varepsilon_t \\ \phi(B) y_t &= \delta + \theta(B)\varepsilon_t\end{aligned}$$

주어진 시계열자료가 AR 혹은 MA 성분만으로 설명하기 위해서는 지나치게 고차의 모형이 되어야 하는 경우가 있다. 즉, ACF 또는 PACF의 절단 시점이 지나치게 큰 값이 되면, AR(p) 또는 MA(q) 모형의 p 또는 q의 값이 큰 값이 될 수 있으며, 그렇게 되면 모수의 개수가 너무 많은 모형, 즉 복잡한 모형을 사용해야 하는 것이다. 이러한 경우에는 AR과 MA의 성분이 함께 들어있는 혼합 모형을 사용한다면 훨씬 단순한 형태의 모형으로 주어진 자료를 잘 설명할 수 있을 것이다.

ARMA(p,q) 모형에는 AR 성분과 MA 성분이 모두 있기 때문에, 정상성 조건과 가역성 조건을 모두 만족시켜야 한다. 정상성 조건은 AR(p) 모형의 조건과 동일하며, 가역성 조건은 MA(q) 모형의 조건과 동일하다.

ARMA(p,q) 모형의 이론적 ACF와 PACF의 형태를 살펴보자. ACF는 시차 q부터 지수적 감소 혹은 소멸하는 sine 함수의 형태를 보이고 있고, PACF는 시차 p부터 지수적 감소 혹은 소멸하는 sine 함수의 형태를 보이고 있다. ACF와 PACF가 모두 감소하는 형태를 보이고 있으며, 감소 시작 시점을 확인하는 것은 실질적으로 불가능하기 때문에 ARMA(p,q) 모형의 차수 p와 q를 ACF와 PACF로 인식하기 매우 어렵다.

ARMA(1,1) 모형에서 $\phi_1 = -0.9$, $\theta_1 = 0.5$인 경우의 이론적 ACF와 PACF의 형태가 그림 4.26에 있고, ARMA(2,2) 모형에서 $\phi_1 = 0.7, \phi_2 = 0.2$, $\theta_1 = 1.6, \theta_2 = 0.7$인 경우의 이론적 ACF와 PACF의 형태가 그림 4.27에 있다.

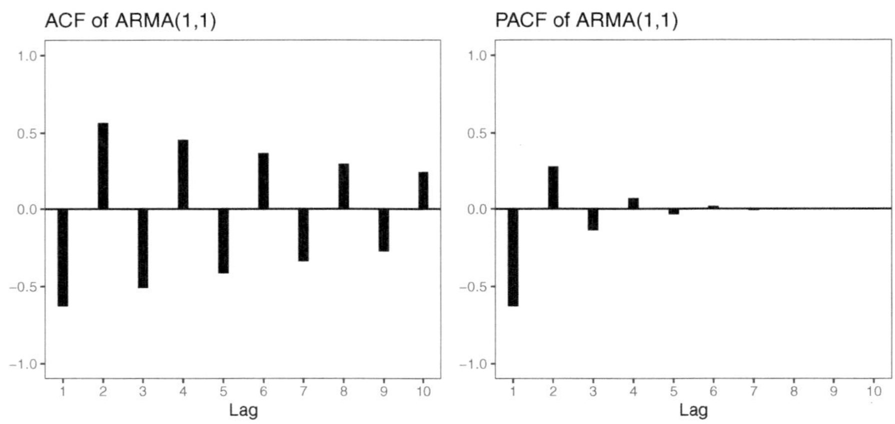

그림 4.26: ARMA(1,1) 모형의 이론적 ACF, PACF

4.3 비계절형 ARIMA 모형

시계열자료 y_t의 모형이 ARIMA(p,d,q)라는 것은 d차 차분된 자료인 $(1-B)^d y_t$가 ARMA(p,q) 모형을 따른다는 것을 의미한다. ARIMA(p,d,q)의 모형식은 다음과 같이 표현된다.

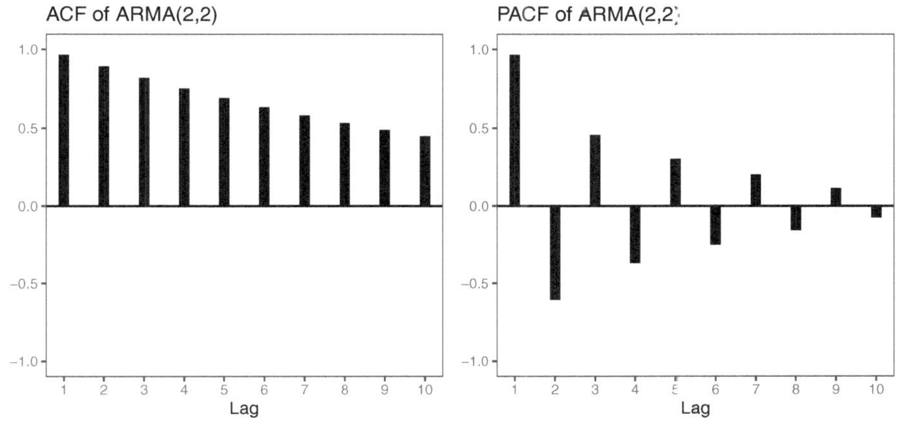

그림 4.27: ARMA(2,2) 모형의 이론적 ACF, PACF

$$(1-\phi_1 B-\cdots-\phi_p B^p)(1-B)^d\, y_t=\delta+(1+\theta_1 B+\cdots+\theta_q B^q)\,\varepsilon_t$$
$$\phi(B)(1-B)^d\, y_t=\delta+\theta(B)\,\varepsilon_t$$

단, $\delta=\mu(1-\phi_1-\cdots-\phi_p)$ 이고, μ는 $(1-B)^d\, y_t$의 평균이다.

지금까지 살펴본 모형은 ARIMA(p,d,q) 모형으로 다시 표현할 수 있다. 백색잡음 모형은 ARIMA(0,0,0)으로, 확률보행 모형은 ARIMA(0,1,0)으로, AR(p) 모형은 ARIMA(p,0,0)으로, MA(q) 모형은 ARIMA(0,0,q)으로, ARMA(p,q) 모형은 ARIMA(p,0,q) 모형으로 각각 표현할 수 있다.

ARIMA 모형의 적합 절차는 주어진 시계열자료를 대상으로 '모형식별' → '모수추정' → '모형 진단'의 순서로 이루어지며, 모형진단 단계에서 문제가 발견되지 않으면, 적합된 모형으로 '예측'을 실시할 수 있지만, 모형진단 단계를 통과하지 못하면, 모형식별 단계로 되돌아가 다른 모형을 찾아야 한다.

4.3.1 모형 식별

모형식별 단계에서는 주어진 시계열자료의 정상성 확인과 AR 차수 및 MA 차수의 결정, 그리고 절편의 포함 여부를 결정하게 된다.

1) 시계열 정상화: 차분 차수 d 결정

모형식별의 첫 번째 단계는 시계열자료의 정상화이다. 4.1.2절에서 살펴본 분산안정화 변환과 차분을 실시하여 비정상성이 제거된 시계열자료를 생성한다.

2) 모형식별: AR 차수 p와 MA 차수 q 결정

주어진 자료에 가장 적합한 AR 차수와 MA 차수를 결정하는 단계이다. 사용자가 표본 ACF와 PACF 등을 근거로 가장 적합한 모형을 직접 식별할 수도 있지만, 많은 경험이 필요하며, 특히 ARMA 혼합모형인 경우에는 ACF와 PACF로는 찾을 수 없다는 문제도 있다.

모형식별의 다른 방법은 함수 `forecast::auto.arima()`에 의한 모형 선택이다. 함수 `auto.arima()`를 사용하면 AICc가 가장 작은 모형을 찾을 수 있다.

3) 모형에 절편 포함 여부 결정

$d \leq 1$ 인 경우에는 모형에 절편 δ를 포함시킬 수 있다. 포함 여부는 유의성 측면과 IC 측면으로 구분해서 생각할 수 있다. 유의성 측면에서는 $H_0 : \mu = 0$ 이 기각되면 절편을 포함시키는 것이고, IC 측면에서는 AICc가 더 작아지면 포함시키는 것이다. 통계적으로 유의한 변수를 모형에 포함시킨다고 해서 예측의 정확도가 항상 높아지는 것은 아니기 때문에 어떤 방법을 적용할지는 상황에 따라 선택해야 할 것이다.

$d \geq 2$ 의 경우에는 모형에 절편을 포함시키지 않는 것이 일반적이다. 이것은 절편이 장기예측에 미치는 영향력이 차분 차수가 증가할수록 급격하게 커지기 때문이다.

예를 들어, $d = 0$ 인 경우에 장기예측값은 $\delta = 0$ 이면 0으로 수렴하고, $\delta \neq 0$ 이면 자료의 평균으로 수렴하며, $d = 1$ 인 경우에는 $\delta = 0$ 이면 장기예측값이 0이 아닌 상수로 수렴하지만, $\delta \neq 0$ 이면 직선의 형태를 보이게 되고, $d = 2$ 인 경우에는 $\delta = 0$ 이면 직선의 형태를 보이게 되지만, $\delta \neq 0$ 이면 2차 함수의 형태를 보이게 된다.

지속적인 상승 또는 하락 추세를 보이는 장기예측은 상당히 부담스러운 결과라 할 수 있기 때문에, 차분이 이루어진 경우에는 절편 포함 여부를 신중하게 결정해야 한다.

4.3.2 모형 추정 및 진단

ARMA(p,q) 모형에는 추정해야 할 모수가 $p+q+2$개 있다. AR 모형의 모수인 $\phi_1, \ldots, \phi_p$와 MA 모형의 모수인 $\theta_1, \ldots, \theta_q$, 그리고 모평균 μ와 오차의 분산 σ^2를 추정해야 한다.

ARIMA 모형 추정에는 몇 가지 방법이 있는데, 함수 `forecast::Arima()`에서는 최우추정법을 사용한다. 최우추정법은 오차항의 분포가 가정되어 있는 경우에 많이 사용되는 추정법으로써, 주어진 자료가 추출될 확률이 최대가 되도록 모수의 값을 결정하는 방법이다.

ARIMA 모형은 회귀모형 등에 비하여 상대적으로 복잡한 모형이기 때문에 적용되는 최적화 방식 등에 따라 최우추정법에 의한 추정 결과가 약간 다르게 나올 수 있다.

최우추정법을 사용해서 모수를 추정할 수 있었던 이유는 오차가 백색잡음을 따른다는 가정을 했기 때문이다. 또한 예측 구간을 효과적으로 추정하기 위해서는 정규분포의 가정도 추가적으로 필요하게 된다. 따라서 모형의 모수를 추정한 후에는 잔차를 근거로 해서 오차의 정규분포 백색잡음 여부를 반드시 확인해야 한다. 확인 방법은 3.3절에서 소개했던 함수 `forecast::checkresiduals()`을 사용하면 된다. 추정된 모형이 진단 단계를 큰 문제 없이 통과하면 예측 모형으로 사용할 수 있다. 하지만 어떤 자료의 경우에는 진단 단계를 통과할 수 있는 모형이 마땅치 않을 수도 있다. 이런 경우에는 추정된 모형에 의한 예측 결과를 적용할 때 신중해야 한다.

ARIMA 모형의 식별 및 추정을 위한 함수인 패키지 `forecast`의 함수 `Arima()`와 `auto.arima()`의 사용법을 살펴보자. 함수 `Arima()`는 사용자가 직접 식별한 모형의 모수 추정을 위한 함수이며, 사용법은 다음과 같다.

```
Arima(y,
      order = c(0, 0, 0),
      seasonal = c(0, 0, 0),
      include.mean = TRUE,
      include.drift = FALSE,
      lambda = NULL,
      ...
```

```
    )
```

order = c(0,0,0)은 비계절형 ARIMA 모형의 차수를 지정하는 것으로써, (p,d,q) 순서로 지정한다. seasonal = c(0,0,0)은 4.4절에서 살펴볼 계절형 ARIMA 모형의 차수를 지정하는 것으로써, (P,D,Q) 순서로 지정한다. include.mean은 $d = 0$의 경우 절편 δ를 모형에 포함할지 여부를 지정하는 것으로써, 디폴트는 TRUE이다. include.drift는 $d = 1$의 경우 절편 δ를 모형에 포함할지 여부를 지정하는 것으로써, 디폴트는 FALSE이다. lambda에는 Box-Cox 변환 모수 λ 값을 지정한다.

함수 auto.arima()는 IC를 기준으로 최적의 모형을 선택하고자 할 때 사용하는 함수이다. 사용자가 ACF와 PACF를 근거로 직접 모형식별을 할 필요가 없기 때문에 편하게 사용할 수는 있으나, 자동 선택된 결과는 반드시 확인 과정을 거쳐서 사용해야 할 것이다. 사용법은 다음과 같다.

```
auto.arima(
  y,
  d = NA,
  D = NA,
  max.p = 5,
  max.q = 5,
  max.P = 2,
  max.Q = 2,
  max.order = 5,
  max.d = 2,
  max.D = 1,
  seasonal = TRUE,
  ic = c("aicc", "aic", "bic"),
  stepwise = TRUE,
  approximation = (length(x) > 150 | frequency(x) > 12),
  ...
  )
```

d와 D는 차분과 계절 차분 횟수를 지정하는 것이다. 디폴트인 NA가 지정되면, 함수 ndiffs()와 nsdiffs()의 결과가 지정된다. max.p와 max.q에는 비계절형 AR 및 MA 차수인 p, q의 최댓값을 각각 지정하고, max.P와 max.Q에는 계절형 AR 및 MA 차수인 P, Q의 최대값을 각각 지정한다. max.order에는 stepwise = FALSE인 경우에 비교 대상 모형의 범위를 결정하는데 적용되는 p+q+P+Q의 최댓값을 지정한다. max.d와 max.D는 차분과 계절 차분의 최대 횟수를 지정한다. seasonal이 FALSE인 경우에는 비계절형 모형만 비교 대상으로 고려가 되며, ic는 모형 선택에 사용되는 IC를 지정한다. 디폴트는 AICc가 된다. stepwise에는 빠른 모형 선택을 위해 stepwise 기법을 사용할 것인지 (TRUE), 아니면 비교 대상에 포함되는 모든 모형의 IC를 비교해서 모형을 선택할 것인지 (FALSE)를 지정한다. approximation에는 자료의 개수가 많거나 계절 주기가 매우 큰 값인 경우에는 빠른 계산 방법으로 모수를 추정하도록 지정할 수 있다.

4.3.3 예측

최적 모형이 추정되면 다음 단계는 미래 시점에 대한 예측이 된다. 적절한 예측을 위해서는 추정에 사용되었던 시계열자료의 패턴이 미래 시점에도 지속된다는 가정이 필요하게 된다.

점 예측 $\hat{y}_{T+h}$ 은 과거 자료인 $y_1, \ldots, y_T$ 를 이용하여 추정된 모형으로 h 시차 후를 예측한 결과이다. 분산 안정화 변환이나 차분이 이루어진 경우에는 적절한 역변환 과정을 통해 원자료의 스케일로 예측이 이루어진다. 점 예측에 대한 예측 구간은 h 가 커짐에 따라 구간의 폭은 일단 증가하지만, 차분이 적용되지 않는 자료의 경우에는 구간의 폭이 점차 일정해지고, 차분이 적용된 비정상 시계열자료의 경우에는 구간의 폭이 계속 증가하게 된다.

오차의 가정 사항이 만족되지 않게 되면 예측의 신뢰도에 전반적인 문제가 발생하게 되는데, 점 예측보다는 예측 구간에 더 큰 문제가 생기게 된다. 예측 구간은 점 예측값의 분산과 분포에 의해 추정되는데, 가정 사항이 만족되지 않으면 추정된 분산과 분포가 정확하지 않을 수 있기 때문이다.

예측은 함수 forecast::forecast()로 실시한다. 함수 Arima() 혹은 auto.arima()로 생성된 객체를 입력하면 되며, 예측 시점 h 는 자료의 주기가 1이면 10이고, 1을 초과하면 주기의 2배가 되는 것이 디폴트이다.

4.3.4 실습 예제

- 예제 1: gas 자료

자료 파일 `gas.csv`에는 9초 간격으로 측정된 입력 가스 비율 (`rate`)에 따른 이산화탄소 배출 농도 (`co2`)가 입력되어 있다. 먼저 자료를 입력해 보자.

```
library(tidyverse)
gas <- read_csv("https://raw.githubusercontent.com/yjyjpark/
↪ TS-with-R/main/Data/gas.csv")
gas %>%
  print(n = 5)
```

```
## # A tibble: 296 x 2
##      rate   co2
##     <dbl> <dbl>
## 1 -0.109  53.8
## 2  0      53.6
## 3  0.178  53.5
## 4  0.339  53.5
## 5  0.373  53.4
## # ... with 291 more rows
```

데이터 프레임 `gas`에는 변수 `rate`와 `co2`가 있는 것을 알 수 있다. 변수 `rate`를 `ts` 객체로 변환해야 하는데 시작 시점과 종료 시점에 대한 정보가 없는 상태이어서, 시점을 $t = 1, 2, 3, \ldots$ 로 지정하고 주기도 1로 지정하도록 하자. 이런 작업은 함수 `as.ts()`를 사용하면 간편하게 할 수 있다. 이어서 시계열 그래프도 그림 4.28에 작성해 보자.

```
rate.ts <- as.ts(gas$rate)
autoplot(rate.ts) + labs(y = NULL)
```

`rate.ts`에 대한 ARIMA 모형을 적합해 보자. 먼저 전체 자료를 training data와 test data로 분리하자. Test data는 마지막 10개 자료로 한다.

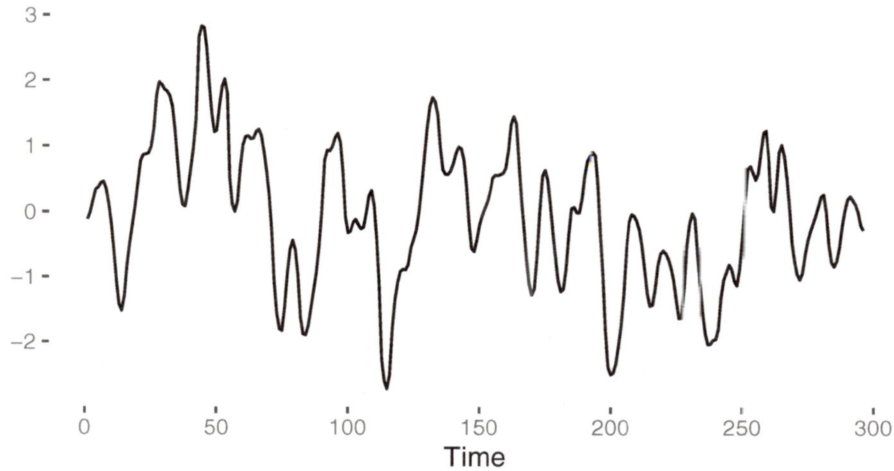

그림 4.28: gas 자료의 시계열 그래프

```
train_r <- window(rate.ts, end = length(rate.ts) - 10)
test_r <- window(rate.ts, start = length(rate.ts) - 9)
```

Training data를 대상으로 최적의 모형을 적합해 보자. 먼저 자료의 정상성 여부를 시계열 그래프와 ACF로 확인해 보자. 필요한 그래프는 그림 4.29에서 볼 수 있다.

```
ggtsdisplay(train_r)
```

그림 4.29의 시계열 그래프에는 명확한 추세가 없는 것으로 보이지만, 표본 ACF가 비교적 천천히 모습이 보인다. 단위근 검정 결과는 차분이 필요한 것으로 나온다.

```
ndiffs(train_r)
```

```
## [1] 1
```

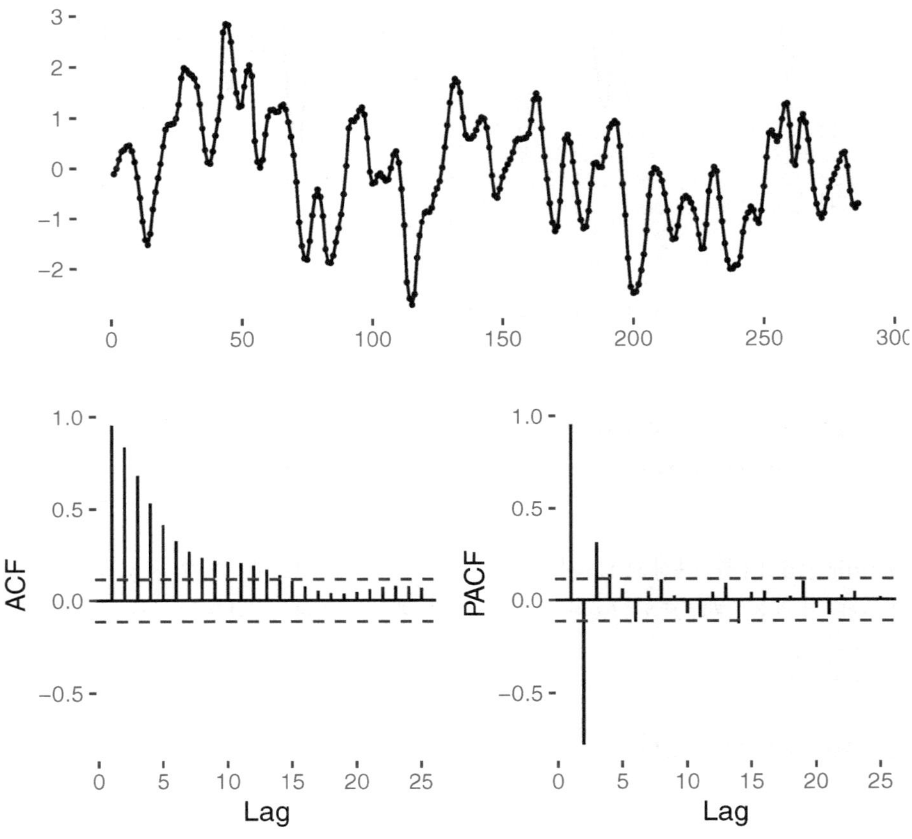

그림 4.29: 자료 `train_r`의 정상성 여부 확인을 위한 그래프

단위근 검정 결과에 따라 정상성이 만족되지 않는 것으로 보고 차분을 실시할 수 있지만, 시계열 그래프와 ACF를 근거로 정상성이 관측된 것으로 볼 수도 있기 때문에, 차분을 실시하는 것과 실시하지 않는 두 가지 상황을 모두 고려해서 모형 식별을 진행하는 것이 좋을 것으로 보인다.

먼저 차분을 실시하지 않는 경우에 대해서 모형 적합을 진행해 보자. 차분을 실시하지 않기 위해서 `d = 0`을 입력하고, 이어서 `stepwise`, `approximation`, `seasonal`을 모두 `FALSE`로 지정하자. `trace = TRUE`를 추가하면 비교 대상 모형의 AICc 값이 출력된다.

```
fit1 <- auto.arima(train_r, d = 0, stepwise = FALSE,
                   approximation = FALSE, seasonal = FALSE,
                   trace = TRUE)
```

```
##
##  ARIMA(0,0,0) with zero mean     : 862.9984
##  ARIMA(0,0,0) with non-zero mean : 864.2264
##  ARIMA(0,0,1) with zero mean     : 502.5603
##  ARIMA(0,0,1) with non-zero mean : 503.849
##  ARIMA(0,0,2) with zero mean     : 245.7337
##  ARIMA(0,0,2) with non-zero mean : 247.1783
##  ARIMA(0,0,3) with zero mean     : 81.487
##  ARIMA(0,0,3) with non-zero mean : 83.02567
##  ARIMA(0,0,4) with zero mean     : -20.65077
##  ARIMA(0,0,4) with non-zero mean : -19.01766
##  ARIMA(0,0,5) with zero mean     : -84.62715
##  ARIMA(0,0,5) with non-zero mean : -82.85418
##  ARIMA(1,0,0) with zero mean     : 184.3482
##  ARIMA(1,0,0) with non-zero mean : 186.3166
##  ARIMA(1,0,1) with zero mean     : -16.72114
##  ARIMA(1,0,1) with non-zero mean : -14.73886
##  ARIMA(1,0,2) with zero mean     : -74.34891
##  ARIMA(1,0,2) with non-zero mean : -72.35703
##  ARIMA(1,0,3) with zero mean     : -115.7122
```

```
##  ARIMA(1,0,3) with non-zero mean : -113.7137
##  ARIMA(1,0,4) with zero mean     : -133.8983
##  ARIMA(1,0,4) with non-zero mean : -131.9025
##  ARIMA(2,0,0) with zero mean     : -89.86221
##  ARIMA(2,0,0) with non-zero mean : -88.00051
##  ARIMA(2,0,1) with zero mean     : -113.8044
##  ARIMA(2,0,1) with non-zero mean : -111.8785
##  ARIMA(2,0,2) with zero mean     : -116.6196
##  ARIMA(2,0,2) with non-zero mean : -114.6669
##  ARIMA(2,0,3) with zero mean     : -130.7106
##  ARIMA(2,0,3) with non-zero mean : -128.7274
##  ARIMA(3,0,0) with zero mean     : -123.114
##  ARIMA(3,0,0) with non-zero mean : -121.1507
##  ARIMA(3,0,1) with zero mean     : -125.3355
##  ARIMA(3,0,1) with non-zero mean : -123.3294
##  ARIMA(3,0,2) with zero mean     : -123.8663
##  ARIMA(3,0,2) with non-zero mean : -121.8527
##  ARIMA(4,0,0) with zero mean     : -125.2705
##  ARIMA(4,0,0) with non-zero mean : -123.2711
##  ARIMA(4,0,1) with zero mean     : -123.4833
##  ARIMA(4,0,1) with non-zero mean : -121.4641
##  ARIMA(5,0,0) with zero mean     : -124.0066
##  ARIMA(5,0,0) with non-zero mean : -121.9828
##
##
##
##  Best model: ARIMA(1,0,4) with zero mean
```

적합 결과를 확인해 보자. ARMA(1,4) 모형이 선택되었다.

```
fit1
```

```
## Series: train_r
```

```
## ARIMA(1,0,4) with zero mean
##
## Coefficients:
##          ar1     ma1     ma2     ma3     ma4
##       0.7769  1.1456  1.0384  0.7892  0.3022
## s.e.  0.0450  0.0657  0.0922  0.0880  0.0627
##
## sigma^2 = 0.03511:  log likelihood = 73.1
## AIC=-134.2   AICc=-133.9   BIC=-112.26
```

이번에는 차분을 실시하는 경우에 대한 모형 적합을 진행해 보자. ARIMA(3,1,1) 모형이 선택된 것을 볼 수 있다.

```
fit2 <- auto.arima(train_r, stepwise = FALSE,
                   approximation = FALSE, seasonal = FALSE)
fit2
```

```
## Series: train_r
## ARIMA(3,1,1)
##
## Coefficients:
##          ar1      ar2     ar3      ma1
##       1.9589  -1.3503  0.3304  -0.9855
## s.e.  0.0580   0.1032  0.0576   0.0148
##
## sigma^2 = 0.03717:  log likelihood = 65.4
## AIC=-120.81   AICc=-120.59   BIC=-102.55
```

차분을 실시하지 않은 모형 `fit1`의 모형 진단을 실시해 보자. 모든 가정을 만족하는 것으로 보인다.

```
checkresiduals(fit1)
```

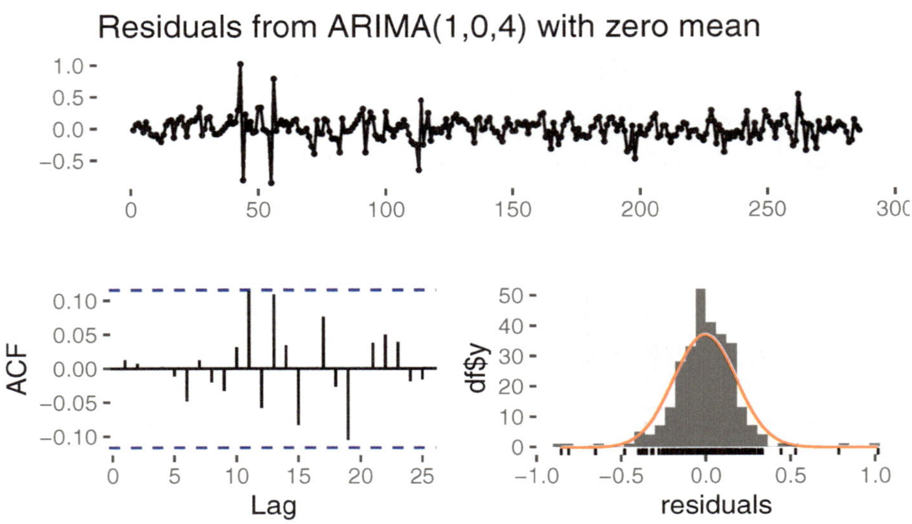


```
##
##  Ljung-Box test
##
## data:  Residuals from ARIMA(1,0,4) with zero mean
## Q* = 1.5628, df = 5, p-value = 0.9057
##
## Model df: 5.   Total lags used: 10
```

차분을 실시한 모형 fit2의 모형 진단을 실시해 보자. 가정 만족에는 문제가 없는 것으로 보인다.

```
checkresiduals(fit2)
```

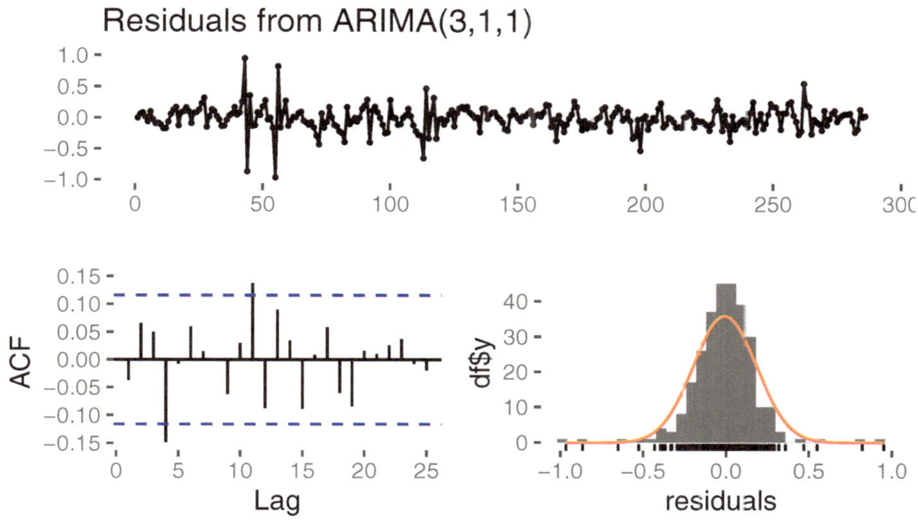


```
##
##  Ljung-Box test
##
## data:  Residuals from ARIMA(3,1,1)
## Q* = 11.352, df = 6, p-value = 0.07809
##
## Model df: 4.   Total lags used: 10
```

두 모형 모두 예측모형으로 사용이 가능한 모형으로 보인다. 이제 두 모형 중 한 모형을 최종 예측모형으로 선택하는 것이 필요한데, 모형 `fit1`은 차분을 하지 않은 자료를 사용한 것이고, 모형 `fit2`는 차분을 실시한 자료를 사용한 것이다. 즉, 서로 다른 자료를 사용하여 적합한 모형이기 때문에, 두 모형의 AICc 등의 값을 비교하는 것은 의미가 없다. 이런 경우, 최종 예측모형 선택에 사용할 수 있는 방법은 test data에 대한 예측 결과를 근거로 하는 것이다. 두 모형을 사용하여 예측을 실시하고 test data와 비교해 보자.

```
fc1 <- forecast(fit1)
fc2 <- forecast(fit2)
```

```
accuracy(fc1, test_r)
```

```
##                        ME      RMSE       MAE      MPE
## Training set -0.003485182 0.1857419 0.1308396      NaN
## Test set      0.197714969 0.2984918 0.2589217 261.7854
##                  MAPE      MASE       ACF1 Theil's U
## Training set      Inf 0.5071232 0.01278907        NA
## Test set     282.7786 1.0035587 0.63693511  1.231509
```

```
accuracy(fc2, test_r)
```

```
##                        ME      RMSE       MAE      MPE
## Training set -0.008064075 0.1911149 0.1333927      NaN
## Test set      0.325580419 0.3713446 0.3255804 390.3076
##                  MAPE      MASE        ACF1 Theil's U
## Training set      Inf 0.5170188 -0.03694615        NA
## Test set     437.7347 1.2619224  0.57275035  1.400976
```

함수 accuracy()의 결과를 보면, ARMA(1,4) 모형인 fit1의 예측 오차가 조금 더 작은 것으로 보인다. 따라서 이 모형을 최종 예측모형으로 선택하기로 하자. 최종 예측모형의 모형식은 다음과 같다.

$$(1-0.7769B)\,y_t=(1+1.145B+1.038B^2+0.789B^3+0.302B^4)\,\varepsilon_t$$

예측 결과를 그래프로 나타내 보자. Test data와 함께 표시하는 것이 비교하기 좋을 것이며, 작성된 그래프는 그림 4.30에서 확인할 수 있다.

```
autoplot(fc1, include = 20) +
  autolayer(test_r, color = "red", size = .8) +
  labs(y = "rate")
```

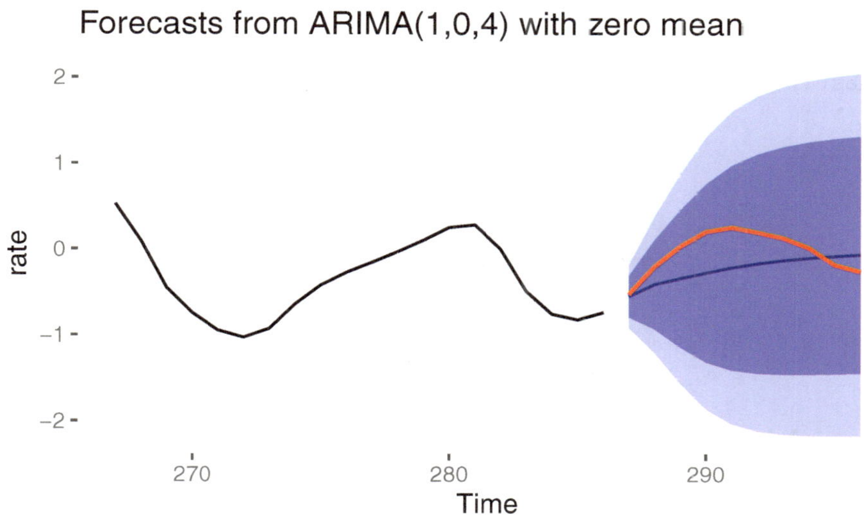

그림 4.30: **rate** 자료에 대한 예측 결과 그래프

- 예제 2 : 1996년 1월부터 2012년 3월까지 Euro 지역에서의 월별 전자 제품 생산량 자료 (fpp2::elecequip)

자료 elecequip은 계절 요인이 존재하는 월별 자료이다. 비계절형 ARIMA 모형을 적합하기 위해서는 계절 요소를 자료에서 제거해야 한다. 함수 stl()로 자료를 분해하고, 이어서 함수 forecast::seasadj()를 적용해서 계절 요소를 제거해 보자.

```
elecequip_desea <- stl(elecequip, s.window="periodic') %>%
  seasadj()
```

원자료와 계절 조정된 자료의 시계열 그래프를 그림 4.31에서 비교해 보자.

```
autoplot(elecequip, series = "Monthly data") +
  autolayer(elecequip_desea,
            series = "Seasonally adjusted', size = .8) +
  scale_color_manual(values = c("Monthly data" = "blue",
                                "Seasonally adjusted" = "red")) +
```

```
theme(legend.position = "top") +
labs(y = NULL, color = NULL)
```

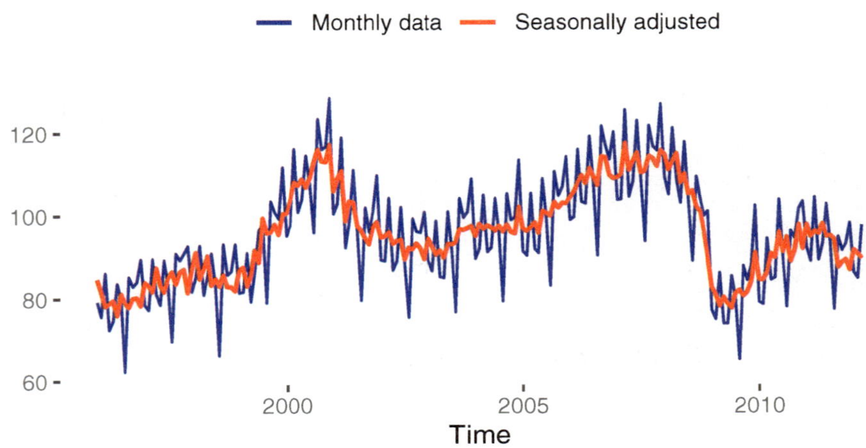

그림 4.31: elecequip 원자료와 계절 조정된 자료의 비교

계절 조정된 자료를 대상으로 자료 분리를 실시해 보자. Test data는 마지막 2년 자료로 한다.

```
train_eq <- window(elecequip_desea, end = c(2010,3))
test_eq <- window(elecequip_desea, start = c(2010,4))
```

정상성 판단을 위한 그래프를 그림 4.32에 작성해 보자.

```
ggtsdisplay(train_eq)
```

시간에 따른 level의 변화가 보이고, 표본 ACF가 매우 천천히 감소하는 것도 알 수 있다. 단위근 검정에서도 차분이 필요한 것으로 나타난다.

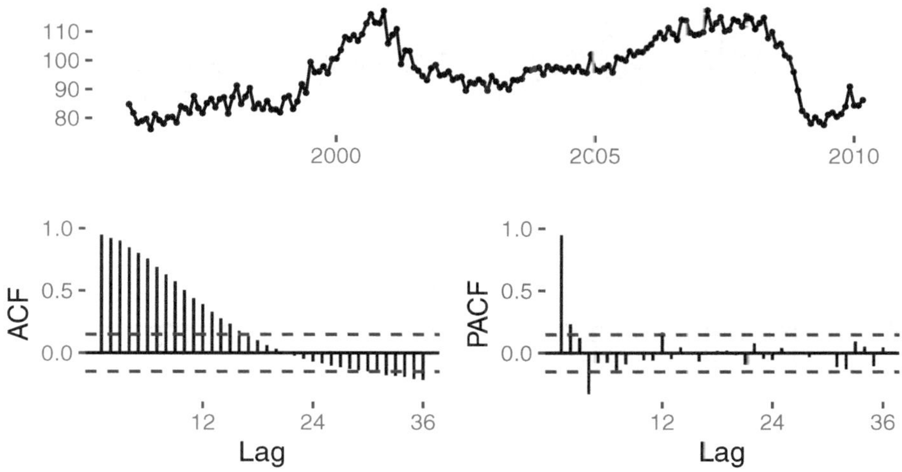

그림 4.32: `train_eq`의 정상성 여부 확인을 위한 그래프

```
ndiffs(train_eq)
```

```
## [1] 1
```

차분된 자료를 대상으로 시계열 그래프와 ACF를 그림 4.33에 작성해 보자.

```
train_eq %>%
  diff() %>%
  ggtsdisplay()
```

차분된 자료는 정상성을 만족하는 것으로 보인다. 또한 ACF는 지수적 감소, PACF는 3시차 이후 절단으로 볼 수 있기 때문에 차분된 자료는 AR(3) 모형으로 식별할 수 있고, 따라서 원자료는 ARIMA(3,1,0) 모형으로 식별할 수 있다.

함수 `auto.arima()`에 의한 모형 선택을 실시해 보자.

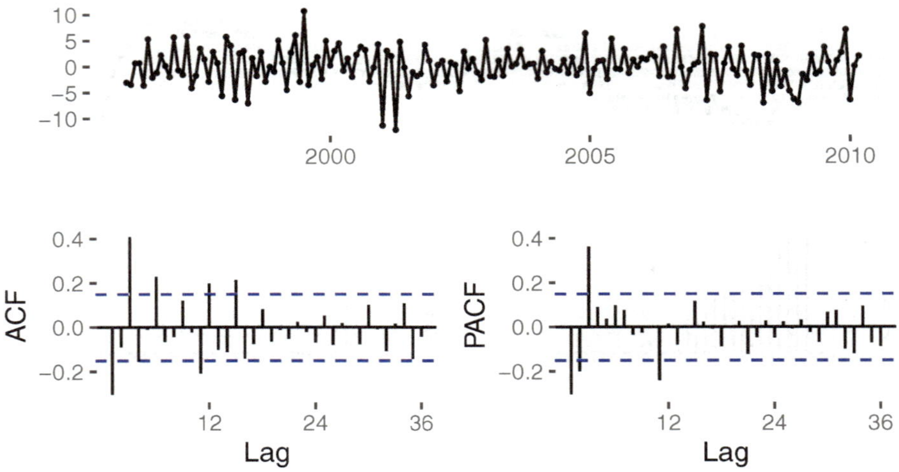

그림 4.33: `train_eq`의 차분한 자료의 정상성 여부 확인을 위한 그래프

```
fit1 <- auto.arima(train_eq, stepwise = FALSE,
                   approximation = FALSE, seasonal = FALSE)
fit1
```

```
## Series: train_eq
## ARIMA(3,1,0)
##
## Coefficients:
##           ar1      ar2     ar3
##       -0.2922  -0.0635  0.3710
## s.e.   0.0713   0.0748  0.0718
##
## sigma^2 = 9.169:  log likelihood = -428.36
## AIC=864.73   AICc=864.97   BIC=877.27
```

ACF와 PACF에 의해 선택한 결과와 동일하게 ARIMA(3,1,0) 모형이 선택되었다. 모형식은 다음과 같다.

$$(1 + 0.292B + 0.064B^2 - 0.371B^3)(1 - B)\, y_t = \varepsilon_t$$

적합된 모형의 검진을 실시해 보자. 잔차는 백색잡음 자료라고 할 수 있으며, 정규분포 가정에도 문제가 없는 것으로 보인다.

```
checkresiduals(fit1)
```

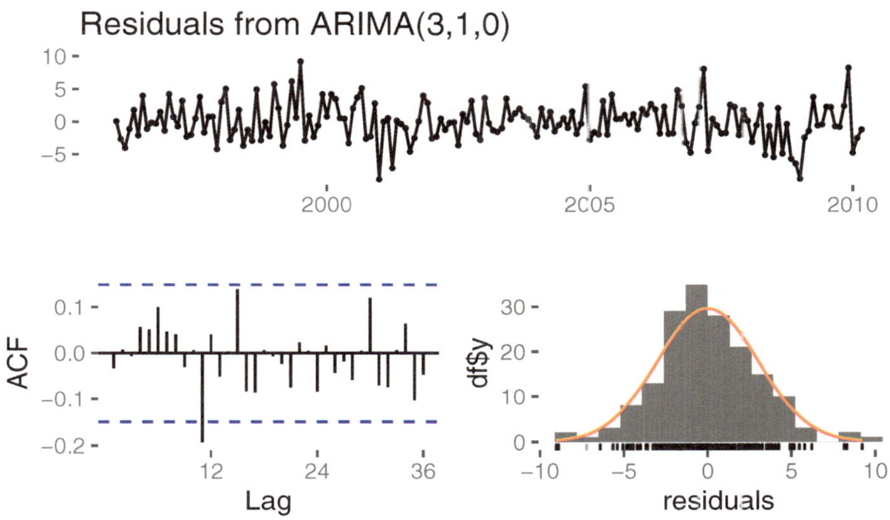


```
##
##  Ljung-Box test
##
## data:  Residuals from ARIMA(3,1,0)
## Q* = 20.702, df = 21, p-value = 0.4772
##
## Model df: 3.   Total lags used: 24
```

예측을 실시하고, 예측 오차를 확인해 보자.

```
fc1 <- forecast(fit1)
accuracy(fc1, test_eq)
```

```
##                        ME     RMSE      MAE         MPE
## Training set -0.002219982 2.992424 2.301026 -0.05081691
## Test set      8.727507127 9.330976 8.727507  9.28015517
##                  MAPE      MASE        ACF1 Theil's U
## Training set 2.411491 0.2786977 -0.03178277        NA
## Test set     9.280155 1.0570657  0.38874430  2.481532
```

예측 결과를 그림 4.34에 그래프로 나타내 보자. 예측 결과가 test data와는 차이가 있음을 알 수 있다.

```
autoplot(fc1, include = 20) +
  autolayer(test_eq, color = "red", size = .8) +
  ylab("Electrical equipment manufactured")
```

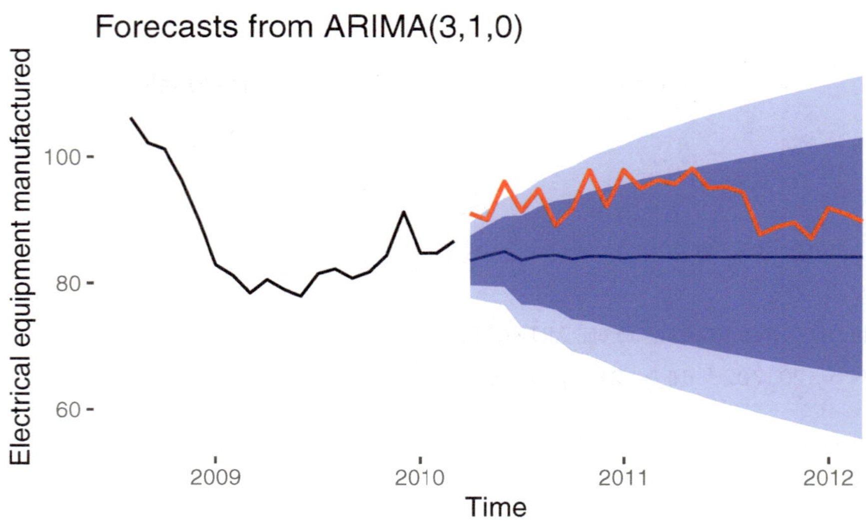

그림 4.34: `elecequip` 자료에 대한 예측 결과

4.4 계절형 ARIMA 모형

ARIMA 모형은 계절 요소가 있는 자료에 매우 효과적으로 사용될 수 있다. 비계절형 ARIMA 요소와 계절형 ARIMA 요소를 모두 갖고 있는 경우에는 $\mathrm{ARIMA(p,d,q)(P,D,Q)_m}$ 로 모형을 표시할 수 있는데, (p,d,q)는 비계절형 ARIMA 모형의 AR 차수, 차분 차수, MA 차수를 각각 의미하고, $\mathrm{(P,D,Q)_m}$ 은 계절 주기가 m인 자료에 대한 계절형 AR 차수, 계절 차분 차수, 계절형 MA 차수를 각각 의미하는 것이다.

$\mathrm{ARIMA(p,d,q)(P,D,Q)_m}$ 모형의 모형식은 다음과 같이 나타낼 수 있다.

$$\phi(B)\ \Phi(B)\ (1-B^m)^D\ (1-B)^d\ y_t = \delta + \theta(B)\ \Theta(B)\ \varepsilon_t$$

단,

$$\begin{aligned}
\phi(B) &= 1 - \phi_1 B - \cdots - \phi_p B^p \\
\Phi(B) &= 1 - \Phi_1 B^m - \cdots - \Phi_P B^{mP} \\
\theta(B) &= 1 + \theta_1 B + \cdots + \theta_q B^q \\
\Theta(B) &= 1 + \Theta_1 B^m + \cdots + \Theta_Q B^{mQ}
\end{aligned}$$

4.4.1 계절형 ARIMA 모형 적합 절차

계절형 ARIMA 모형의 적합 절차는 4.3절에서 살펴본 비계절형 ARIMA 모형의 경우와 거의 비슷하다.

1) 정상화 단계

먼저 분산 안정화를 위한 변환이 필요한지 결정해야 한다. 시계열 그래프에서 변동 진폭이 일정한지 여부를 확인하거나, Box-Cox 변환 모수 λ 값을 추정해서 변환의 필요성을 결정할 수 있다.

이어서 추세가 있거나 계절요소가 있는 경우에는 차분 차수를 결정해야 하는데, 우선 시계열 그래프를 근거로 확인할 수 있다. 또한 표본 ACF의 형태도 상세히 파악해야 하는데, 차분 차수는 ACF의 시차 $1, 2, \ldots, m/2$ 의 형태를 근거로 결정해야 하고, 시차 $m, 2m, 3m, \ldots$ 에서는 계절 차분 차수를 결정해야 한다. 단위근 검정을 사용하는 함수 `ndiffs()` 또는 `nsdiffs()`의 결과를 근거로 결정을 할 수도 있다. 일반적으로 계절 차분 차수는 $D \leq 1$ 로 제한하고 있고, 차분 차수와 계절 차분 차수의 합은 $d + D \leq 2$ 가 되도록 결정한다.

2) 모형 식별

사용자가 표본 ACF와 PACF를 근거로 직접 모형 식별을 시도할 수 있다. 비계절형 차수인 p와 q는 표본 ACF와 PACF의 시차 $1, 2, \ldots, m/2$ 을 대상으로 결정하고, 계절형 차수 P와 Q는 표본 ACF와 PACF의 시차 $m, 2m, 3m, \ldots$ 을 대상으로 결정해야 한다.

IC를 기준으로 선택한다면 비계절형 ARIMA의 경우와 동일하게 함수 `auto.arima()`를 이용하면 된다.

3) 절편 포함 여부 결정

$d + D \leq 1$ 인 경우에는 모평균에 대한 검정 또는 AICc의 향상 여부로 절편을 포함시킬 수 있지만, $d + D \geq 2$ 인 경우에는 절편을 포함시키지 않는 것이 일반적이다.

4) 모수 추정, 진단 및 예측

비계절형 ARIMA 모형의 경우와 동일한 절차 및 방법을 사용하면 된다.

4.4.2 실습 예제

- 예제 1 : 1984년 1월부터 1988년 12월 국내 백화점 매출액

1984년 1월부터 1988년 12월까지 국내 어떤 백화점의 매출액 자료를 계절형 ARIMA 모형으로 적합하고 예측을 실시해 보자. 자료의 출처는 조신섭 · 손영숙 · 성병찬 [2015] 이다. 비교적 소규모 자료이기 때문에 자료를 training data와 test data로 분리하지 않고 전체 자료를 모두 사용하여 모형 적합을 진행하기로 하자. 먼저 자료를 불러오고 `ts` 객체로 변환시키자.

```
depart <- scan("https://raw.githubusercontent.com/yjyjpark/
↪  TS-with-R/main/Data/depart.txt")
depart.ts <- ts(depart, start = 1984, freq = 12)
```

시계열 객체 **depart.ts**의 시계열 그래프를 작성해 보자. 그림 4.35의 시계열 그래프에서 뚜렷한 증가 추세와 계절 요소가 있음을 확인할 수 있다. 또한 계절 요소의 변동 폭이 증가 추세에 따라 함께 증가하고 있는 것도 볼 수 있다.

```
autoplot(depart.ts) +
  ylab(NULL)
```

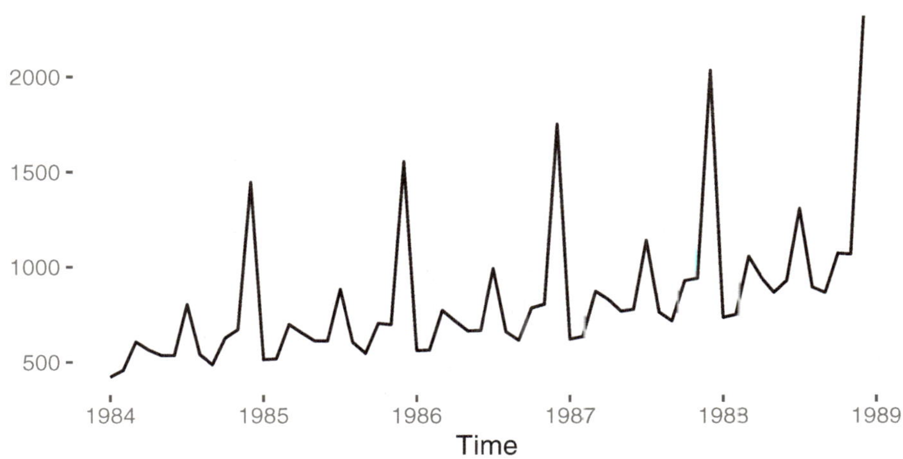

그림 4.35: 국내 백화점 매출액 자료

따라서 백화점 매출액 자료는 분산이 동일하지 않고, 추세와 계절 요소가 모두 있는 비정상 시계열자료임을 알 수 있다. 우선 로그변환을 실시한 자료의 시계열 그래프를 그림 4.36에 작성해서 분산이 일정하게 되었는지 확인해 보자.

```
lndepart <- log(depart.ts)
autoplot(lndepart) +
  labs(title = "log(depart.ts)", y = NULL)
```

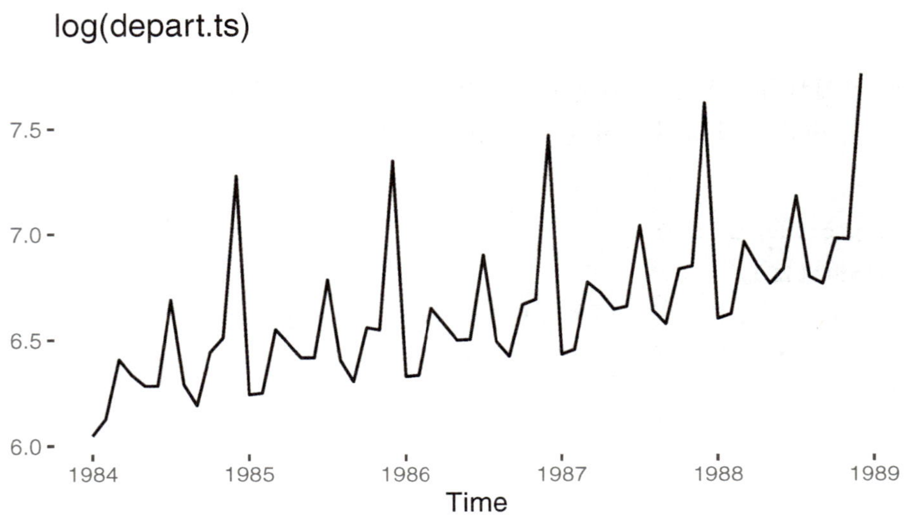

그림 4.36: 로그 변환된 백화점 매출액 자료

계절 요소의 변동 폭이 일정하게 유지되고 있음을 알 수 있다. 이제 추세와 계절 요소를 제거하기 위한 차분 차수를 결정해 보자. 차분 차수는 시계열 그래프와 표본 ACF, 그리고 단위근 검정 결과를 모두 반영해서 결정하는 것이 좋다. 먼저 단위근 검정 결과를 확인해 보자. 1차 차분과 계절 차분이 모두 필요한 것으로 나타났다.

```
ndiffs(lndepart)
```

```
## [1] 1
```

```
nsdiffs(lndepart)
```

```
## [1] 1
```

이제 시계열 그래프와 표본 ACF의 형태를 그림 4.36에서 확인해 보자.

```
ggtsdisplay(lndepart, lag.max = 36,
            main = "lndepart: log transformed data")
```

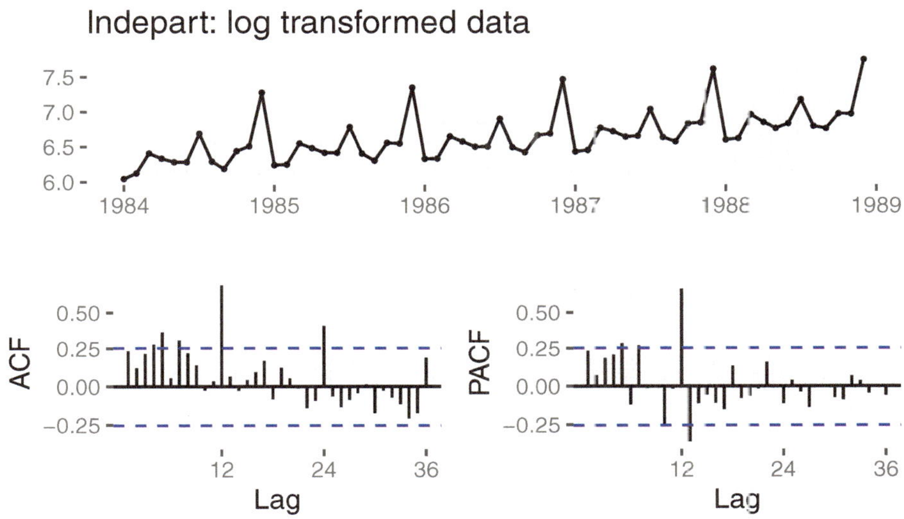

그림 4.37: lndepart의 시계열 그래프 ACF와 PACF

차분과 계절 차분이 모두 필요한 것으로 보이는 경우에는 계절 차분을 먼저 실시하는 것이 좋다. 계절차분을 실시한 자료를 대상으로 시계열 그래프와 ACF를 작성해 보자. 그림 4.38에서 표본 ACF가 1시차에서 6시차까지 매우 천천히 감소하는 것을 볼 수 있고, 따라서 일반 차분도 필요한 것으로 보인다.

```
lndepart_12 <- diff(lndepart, lag = 12)
ggtsdisplay(lndepart_12, lag.max = 36,
            main = "Seasonally differenced lndepart")
```

1차 차분과 계절 차분을 모두 실시한 자료의 시계열 그래프와 ACF를 작성해 보자. 더 이상 비정상성 요소가 남아 있지 않다는 것을 그림 4.39에서 확인할 수 있다. 즉, 단위근 검정과 시계열 그래프, 그리고 표본 ACF를 근거로 계절 차분과 1차 차분이 모두 필요한 것으로 결정할 수 있다.

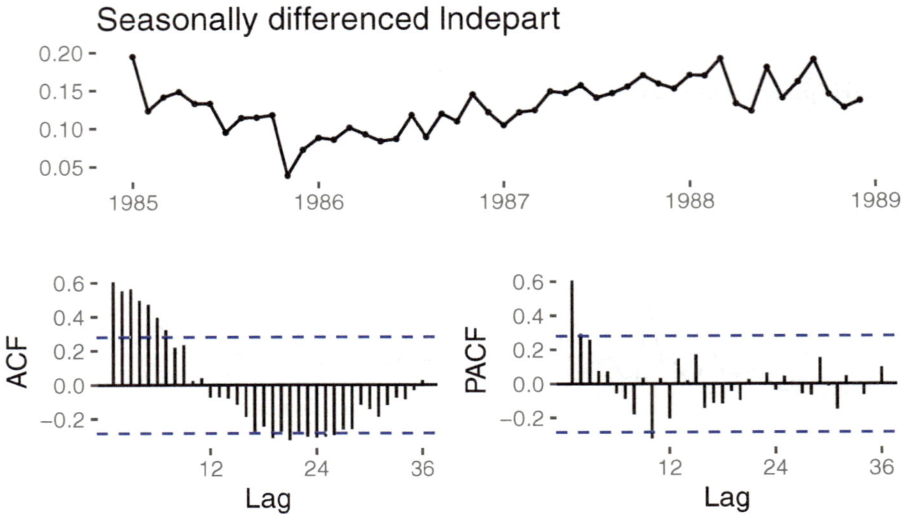

그림 4.38: 계절 차분을 실시한 `lndepart`의 시계열 그래프, ACF와 PACF

```
lndepart_12_1 <- diff(lndepart_12)
ggtsdisplay(lndepart_12_1, lag.max = 36,
          main = "Doubly differenced lndepart")
```

로그 변환과 계절 차분 및 1차 차분으로 비장상성을 모두 제거한 후에는 변환된 자료에 가장 적합한 모형을 식별해야 한다. 그림 4.39에서 볼 수 있는 표본 ACF와 PACF를 근거로 모형을 식별해 보자. 비계절형 AR 차수와 MA 차수는 시차 1에서 시차 6까지의 패턴을 보고 결정해야 하는데, 표본 ACF는 1 시차만 유의한 값이고, 이후 시차는 모두 파란 점선 안으로 들어와 있음을 알 수 있고, 표본 PACF는 1, 2 시차가 비교적 큰 값이고, 이후 시차는 모두 점선 안으로 확실하게 들어와 있는 작은 값이다. 따라서 ACF는 1시차 이후 절단, PACF는 감소 형태로 판단할 수 있어서, 비계절형은 `p=0, q=1`인 MA(1)으로 식별할 수 있다.

계절형 요소는 시차 12, 24, 36의 패턴으로 판단해야 하는데, ACF와 PACF가 12, 24, 36 시차에서 모두 작은 값을 보이고 있는 것을 볼 수 있다. 이러한 경우에는 `P=0, Q=0`으로 식별할 수도 있지만, `P=1, Q=0` 또는 `P=0, Q=1`으로 식별하는 것도 가능하다.

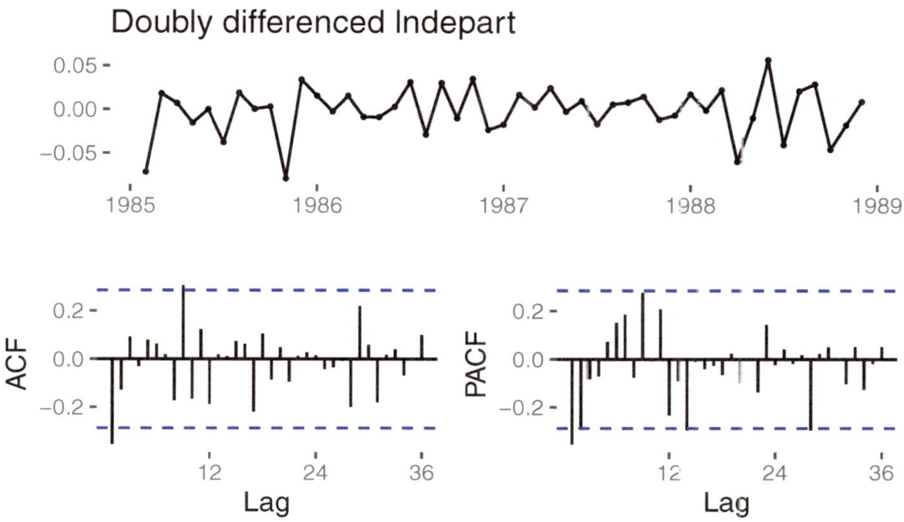

그림 4.39: 계절 차분과 1차 차분을 실시한 `lndepart`의 시계열 그래프, ACF와 PACF

따라서 표본 ACF와 PACF를 근거로 식별을 시도한다면, ARIMA(0,1,1)$(0,1,0)_{12}$ 모형과 ARIMA(0,1,1)$(1,1,0)_{12}$ 모형, 그리고 ARIMA(0,1,1)$(0,1,1)_{12}$ 모형으로 식별할 수 있다.

이제 함수 `auto.arima()`를 사용하여 최적 모형을 식별해 보자. 함수 `auto.arima()`에서는 차분 차수를 단위근 검정에 의해 결정하는 것이 디폴트이며, 백화점 자료의 경우에는 가장 적절한 차분 차수가 단위근 검정 결과와 일치하기 때문에, `d`와 `D`에 다른 값을 지정할 필요는 없다. 또한 분산 안정화를 위해 로그 변환을 시행해야 하기 때문에 `lambda`에 로그변환에 해당하는 값인 0을 지정해야 한다.

```
fit_d <- auto.arima(depart.ts, lambda = 0,
                    stepwise = FALSE, approximation = FALSE)
summary(fit_d)
```

```
## Series: depart.ts
## ARIMA(0,1,1)(0,1,1)[12]
```

```
## Box Cox transformation: lambda= 0
##
## Coefficients:
##           ma1     sma1
##       -0.5840  -0.4159
## s.e.   0.1093   0.1946
##
## sigma^2 = 0.0005401:  log likelihood = 110.29
## AIC=-214.59   AICc=-214.03   BIC=-209.04
##
## Training set error measures:
##                      ME    RMSE      MAE       MPE    MAPE
## Training set -1.937472 16.9307 11.60509 -0.200563 1.36766
##                   MASE       ACF1
## Training set 0.1084166 0.04358066
```

ACF와 PACF를 근거로 식별한 후보 모형 중 하나인 ARIMA(0,1,1)(0,1,1)$_{12}$가 선택되었음을 알 수 있다.

추정된 모형식은 다음과 같다.

$$(1 - B^{12})(1 - B)\ \log y_t = (1 - 0.584B)(1 - 0.4159B^{12})\ \varepsilon_t$$

적합된 모형 `fit_d`의 모형의 진단을 실시해 보자. 잔차가 정규분포 백색잡음을 하는 것으로 보여서, 가정이 만족된다고 할 수 있다.

```
checkresiduals(fit_d)
```

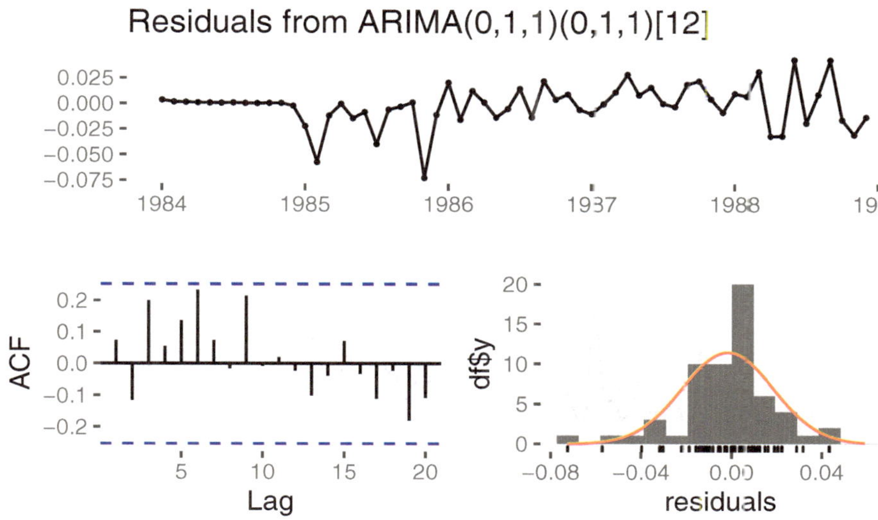


```
##
##  Ljung-Box test
##
## data:  Residuals from ARIMA(0,1,1)(0,1,1)[12]
## Q* = 12.817, df = 10, p-value = 0.2341
##
## Model df: 2.   Total lags used: 12
```

예측 결과를 그림 4.40에 그래프로 나타내보자. 예측 결과는 정상성 확보 과정에서 이루어진 변환의 역변환을 실시해서 얻어진 것이다.

```
forecast(fit_d) %>%
  autoplot() + ylab(NULL)
```

- 예제 2 : 1981년 1월부터 1992년 12월까지 국내에 입국한 월별 관광객 수

1981년 1월부터 1992년 12월까지 12년 동안 국내에 입국한 월별 관광객 수 자료를 대상으로 ARIMA 모형과 ETS 모형으로 예측 모형을 각각 적합하고,

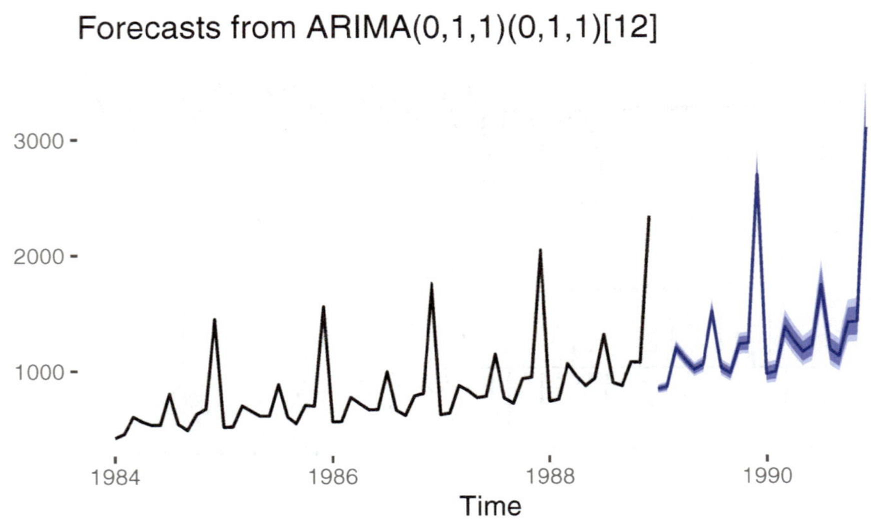

그림 4.40: 백화점 자료 예측 결과

예측 결과를 비교해 보자. 예측 결과의 비교를 위해 마지막 2년 자료를 test data로 남겨두고, 이전 10년 동안의 자료를 이용하여 모형 적합을 실시해 보자.

```
tour <- scan("https://raw.githubusercontent.com/yjyjpark/
↪  TS-with-R/main/Data/Ktour.txt")
tour.ts <- ts(tour, start = 1981, freq = 12)
train_K <- window(tour.ts, end = c(1990,12))
test_K <- window(tour.ts, start = c(1991,1))
```

Training data에 대한 시계열 그래프를 그림 4.41에 작성해 보자.

```
autoplot(train_K) +
  ylab(NULL)
```

계절형 ARIMA 모형을 먼저 적합시켜 보자. 시계열자료가 증가하는 추세가 있고, 뚜렷한 계절 요소가 있으며, 계절 변동 폭이 점차 증가하는 모습을 보이는 비정상 시계열자료이다. 분산 안정화 변화가 필요한 것으로 보이며, 적절한 변환 형태를 결정하기 위해 Box-Cox 변환 모수 λ 의 값을 추정해 보자.

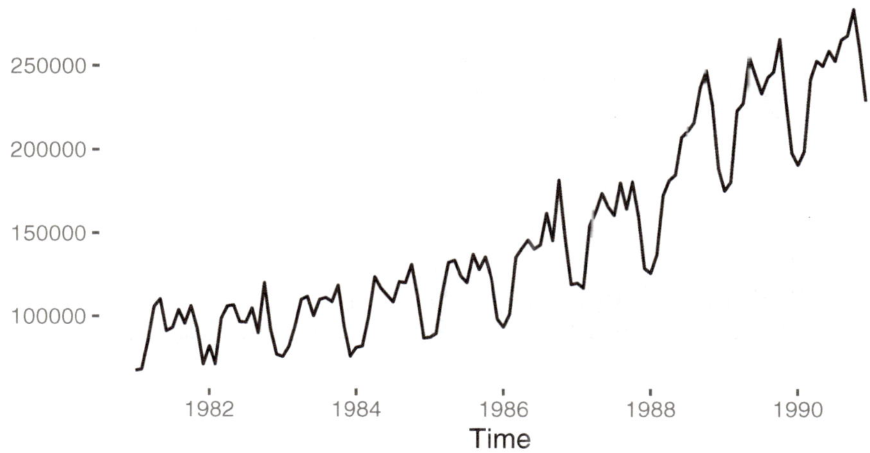

그림 4.41: 국내 입국 관광객 수 자료

```
BoxCox.lambda(train_K)
```

```
## [1] 0.09573094
```

$\hat{\lambda} = 0.09$ 로 추정되었는데, 이 결과를 그대로 적용해서 $y_t^{0.09}$ 로 변환시키는 것보다는 변환의 해석이 가능하면서 추정된 λ 값과 큰 차이가 없는 $\hat{\lambda} = 0$ 에 해당하는 로그 변환을 선택하는 것이 더 좋을 듯 하다.

로그 변환된 자료에 대한 차분 차수를 결정해 보자. 먼저 로그 변환된 시계열 자료의 시계열 그래프와 ACF를 그림 4.42에 작성해 보자.

```
lntrain_K <- log(train_K)
ggtsdisplay(lntrain_K,
            main = "log transformed:lntrain_K")
```

계절 차분을 먼저 실시해 보고, 그 결과를 살펴보자. 그림 4.43의 시계열 그래프에서 추세 성분이 남아 있는 것을 볼 수 있고, ACF의 1~6시차에서 상당히 큰 값을 볼 수 있다. 1차 차분이 필요한 것으로 보인다.

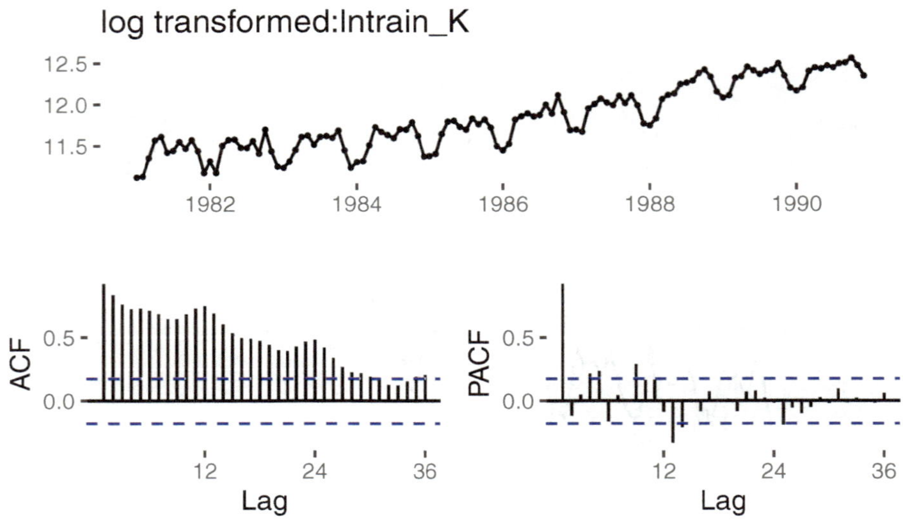

그림 4.42: `lntrain_K`의 시계열 그래프, ACF와 PACF

```
lntrain_K_12 <- diff(lntrain_K, lag = 12)
ggtsdisplay(lntrain_K_12,
            main = "Seasonally differenced")
```

계절 차분된 자료에 다시 1차 차분을 실시하고, 그 결과를 살펴보자. 그림 4.44의 그래프에서 비정상 요소가 모두 사라진 것을 알 수 있다.

```
lntrain_K_12_1 <- diff(lntrain_K_12)
ggtsdisplay(lntrain_K_12_1,
            main = "Doubly differenced")
```

단위근 검정에서도 일치된 결과를 볼 수 있다.

```
ndiffs(lntrain_K)
```

```
## [1] 1
```

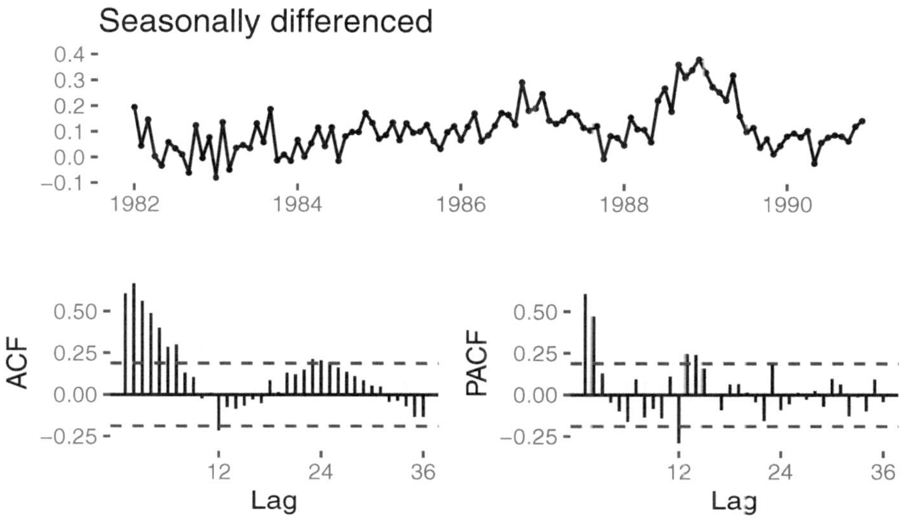

그림 4.43: 계절 차분된 `lntrain_K`의 시계열 그래프, ACF와 PACF

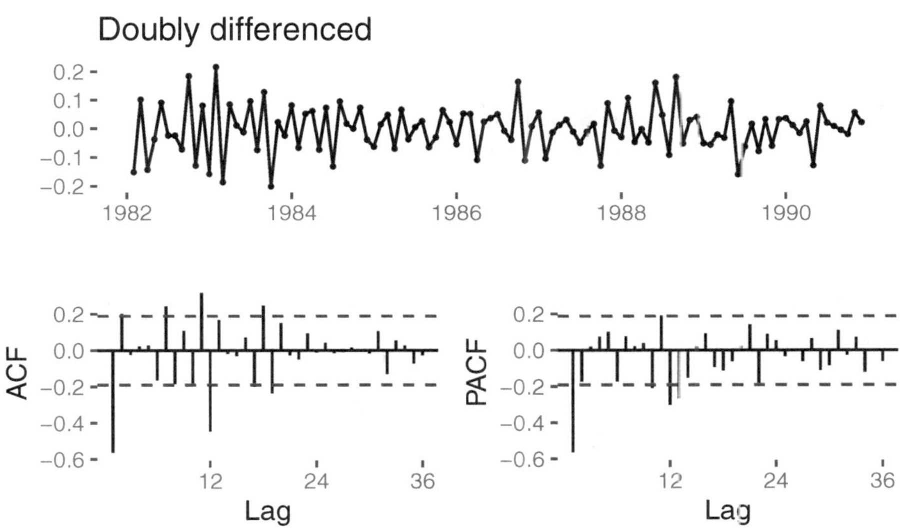

그림 4.44: 계절 차분과 1차 차분된 `lntrain_K`의 시계열 그래프, ACF와 PACF

```
nsdiffs(lntrain_K)
```

```
## [1] 1
```

로그변환과 차분을 통해 정산성을 만족한 자료의 ACF와 PACF인 그림 4.44를 이용하여 모형 식별을 시도해 보자. 1시차에서 6시차까지의 패턴으로 비계절 ARIMA 성분을 파악해 보자. ACF는 2시차까지 유의한 값을 보이고 있고, PACF는 1시차는 유의하고, 2시차의 값은 기준이 되는 파란 점선보다 약간 작은 값으로 보인다. 이런 경우에는 둘 중 하나를 절단으로 보든지, 아니면 둘 다 감소로 보는 것이 가능하기 때문에 AR(1), AR(2), MA(2), 또는 ARMA(1,1) 등이 가능한 것으로 보인다.

계절형 ARIMA 성분은 ACF와 PACF 모두 12시차에서 유의한 값을 보이지만, 24시차와 36시차에서는 매우 작은 값을 보이고 있기 때문에 ACF와 PACF 중 하나를 절단으로 보든지, 둘 다 감소로 보는 것이 가능하며, $AR(1)_{12}$, $MA(1)_{12}$, 또는 $ARMA(1,1)_{12}$ 등이 가능한 것으로 보인다.

식별된 비계절형과 계절형을 조합해서 보면, 많은 모형이 가능한 것으로 보인다. $ARIMA(1,1,0)(1,1,0)_{12}$ 모형, $ARIMA(1,1,0)(0,1,1)_{12}$ 모형, $ARIMA(1,1,0)(1,1,1)_{12}$ 모형과 $ARIMA(2,1,0)(1,1,0)_{12}$ 모형, $ARIMA(2,1,0)(0,1,1)_{12}$ 모형, $ARIMA(2,1,0)(1,1,1)_{12}$ 모형, 그리고 $ARIMA(1,1,1)(1,1,0)_{12}$ 모형, $ARIMA(1,1,1)(0,1,1)_{12}$ 모형, $ARIMA(1,1,1)(1,1,1)_{12}$ 모형 등이 가능한 모형으로 보인다.

ACF와 PACF를 근거로 직접 모형 식별하는 것은 이렇듯 명확한 결과가 나오는 것이 아니어서, 많은 후보 모형을 식별하고 이어서 그 모형들을 비교하는 과정을 거쳐서 최종 모형을 선택해야 하는 어렵고 긴 작업 절차가 필요한 방법임을 알 수 있다. 따라서 이 과정이 모든 분석에서 반드시 필요하다고 생각하지는 않지만, 함수 `auto.arima()`로 선택된 모형이 ACF와 PACF를 근거로 식별된 후보 모형 중에 포함되는지 여부는 확인하는 것이 필요하다고 본다.

이제 함수 `auto.arima()`로 모형을 선택해 보자.

```
fit_K <- auto.arima(train_K, lambda = 0,
                    stepwise = FALSE, approximation = FALSE)
summary(fit_K)
```

```
## Series: train_K
## ARIMA(2,1,0)(1,1,1)[12]
## Box Cox transformation: lambda= 0
##
## Coefficients:
##           ar1      ar2     sar1     sma1
##       -0.6995  -0.2496  -0.2892  -0.3817
## s.e.   0.0956   0.0947   0.1695   0.1736
##
## sigma^2 = 0.002917:  log likelihood = 159.82
## AIC=-309.63   AIC=-309.04   BIC=-296.27
##
## Training set error measures:
##                     ME     RMSE      MAE        MPE
## Training set -117.8446 8079.833 5752.686 -0.1325567
##                  MAPE      MASE      ACF1
## Training set 3.815935 0.3223641 0.1387895
```

ARIMA(2,1,0)$(1,1,1)_{12}$ 모형이 선택되었고, 이 모형은 ACF와 PACF를 근거로 선택한 후보 모형 중에 하나이다. 적합된 모형식은 다음과 같다.

$$(1+0.69B+0.25B^2)(1+0.29B^{12})(1-B)(1-B^{12})\ \log y_t = (1-0.382^{12})\,\varepsilon_t$$

이제는 ETS 모형을 적합해 보자. ETS 모형에서는 승법모형이 가능하기 때문에 분산안정화를 위한 변환이 반드시 필요한 것은 아니다. 따라서 원자료에 의한 ETS 모형과 로그 변환된 자료의 ETS 모형을 모두 적합시켜 보자.

먼저 로그 변환된 자료를 대상으로 모형을 적합해 보자.

```
fit_K_ets1 <- ets(train_K, lambda = 0)
summary(fit_K_ets1)
```

```
## ETS(A,Ad,A)
##
## Call:
##  ets(y = train_K, lambda = 0)
##
##   Box-Cox transformation: lambda= 0
##
##   Smoothing parameters:
##     alpha = 0.3998
##     beta  = 0.0242
##     gamma = 1e-04
##     phi   = 0.978
##
##   Initial states:
##     l = 11.3617
##     b = 0.0098
##     s = -0.2089 -0.0012 0.1585 0.0577 0.1123 0.035
##            0.0516 0.1154 0.0989 0.0121 -0.2092 -0.2221
##
##   sigma:  0.0548
##
##        AIC       AICc        BIC
## -104.72171  -97.94943  -54.54685
##
## Training set error measures:
##                    ME     RMSE      MAE       MPE     MAPE
## Training set 1116.089 8322.678 5764.589 0.4909287 3.788076
##                   MASE       ACF1
## Training set 0.3230311 0.09314822
```

ETS(A,Ad,A) 모형이 선택되었다.

이제 원자료를 대상으로 모형을 적합해 보자.

```
fit_K_ets2 <- ets(train_K)
summary(fit_K_ets2)
```

```
## ETS(M,Ad,M)
##
## Call:
##  ets(y = train_K)
##
##   Smoothing parameters:
##     alpha = 0.4275
##     beta  = 0.0306
##     gamma = 1e-04
##     phi   = 0.9799
##
##   Initial states:
##     l = 89459.3204
##     b = 291.8495
##     s = 0.808 0.9953 1.172 1.0557 1.1073 1.0353
##            1.0453 1.1046 1.0949 0.9939 0.7992 0.7886
##
##   sigma:  0.0562
##
##      AIC     AICc      BIC
## 2738.255 2745.028 2788.430
##
## Training set error measures:
##                    ME     RMSE      MAE       MPE     MAPE
## Training set 1147.204 8155.819 5774.677 0.5763675 3.839131
##                   MASE       ACF1
## Training set 0.3235964 0.02357097
```

ETS(M,Ad,M) 모형이 선택되었다. 두 ETS 모형 모두 추세는 'damped additive'가 선택되었지만, 로그 변환된 자료에 대해서는 계절 요소와 오차항이 모두 'additive'이고, 원자료에 대해서는 계절 요소와 오차항이 모두 'multiplicative' 임을 알 수 있다.

이제 적합된 ARIMA 모형과 ETS 모형의 모형 진단을 각각 실시해 보자. 먼저 ARIMA 모형의 경우에는 오차에 대한 가정이 모두 만족되는 것으로 보인다.

```
checkresiduals(fit_K)
```

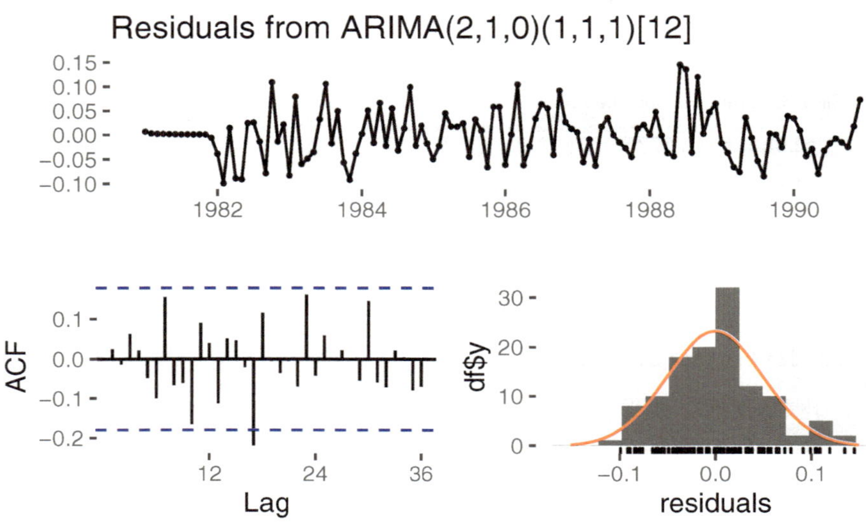


```
##
##  Ljung-Box test
##
## data:  Residuals from ARIMA(2,1,0)(1,1,1)[12]
## Q* = 27.495, df = 20, p-value = 0.1219
##
## Model df: 4.   Total lags used: 24
```

ETS 모형의 경우에는 Ljung-Box 검정의 p-value가 매우 작은 값으로 계산되었고, 따라서 오차의 독립성은 만족되지 않았다. 이런 경우에는 ETS 모형으로 예측된 결과에 대한 신빙성이 떨어진다고 볼 수 있는데, 점 예측값보다는 예측 구간에 대한 신뢰도에 더 큰 손상이 있었다고 할 수 있다.

구제적인 검진 결과를 살펴보자. 우선 ETS(A,Ad,A) 모형인 `fit_K_ets1` 모형의 검진 결과이다.

```
checkresiduals(fit_K_ets1)
```

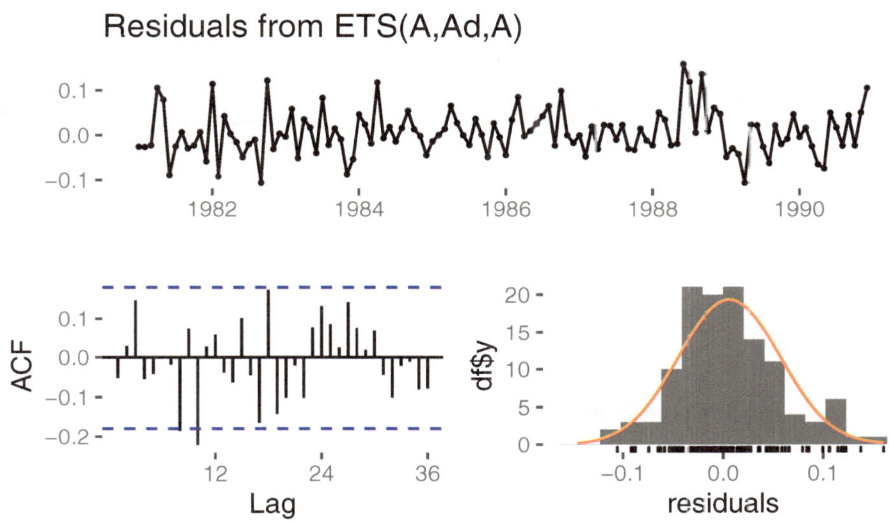


```
##
##  Ljung-Box test
##
## data:  Residuals from ETS(A,Ad,A)
## Q* = 36.158, df = 7, p-value = 6.769e-06
##
## Model df: 17.   Total lags used: 24
```

ETS(M,Ad,M) 모형인 `fit_K_ets2` 모형의 검진 결과도 살펴보자.

```
checkresiduals(fit_K_ets2)
```

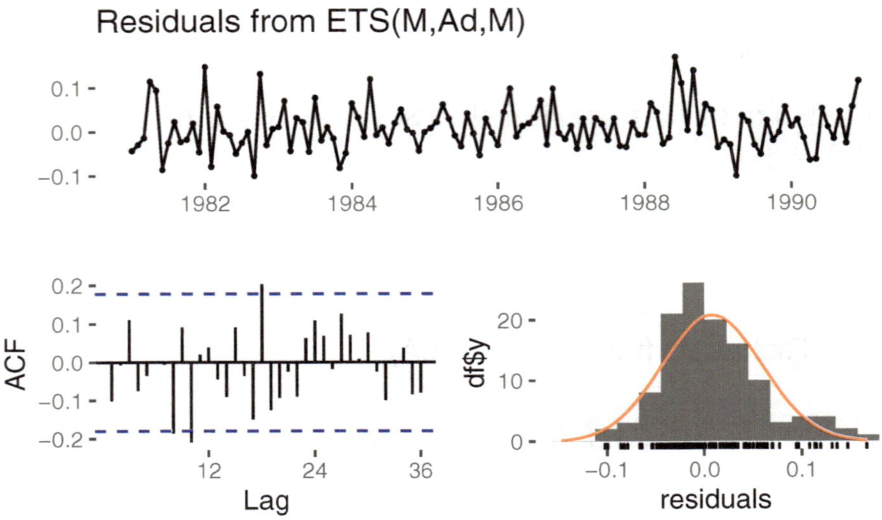


```
##
##  Ljung-Box test
##
## data:  Residuals from ETS(M,Ad,M)
## Q* = 34.451, df = 7, p-value = 1.418e-05
##
## Model df: 17.   Total lags used: 24
```

이제 test data에 대한 예측을 실시하고 예측 오차를 비교해 보자.

```
fc_K <- forecast(fit_K)
accuracy(fc_K, test_K)
```

```
##                       ME      RMSE       MAE         MPE
## Training set   -117.8446  8079.833  5752.686  -0.1325567
## Test set     -33473.2740 45118.350 37348.980 -12.4581745
##                   MAPE      MASE      ACF1 Theil's U
## Training set  3.815935 0.3223641 0.1387895        NA
## Test set     13.967241 2.0929303 0.6467465   1.67741
```

```
fc_K_ets1 <- forecast(fit_K_ets1)
accuracy(fc_K_ets1, test_K)
```

```
##                       ME      RMSE       MAE        MPE
## Training set    1116.089  8322.678  5764.589  0.4909287
## Test set      -26763.496 38813.714 33571.599 -9.9007782
##                    MAPE      MASE       ACF1 Theil's U
## Training set   3.788076 0.3230311 0.09314822        NA
## Test set      12.507782 1.8812566 0.55156580  1.469369
```

```
fc_K_ets2 <- forecast(fit_K_ets2)
accuracy(fc_K_ets2, test_K)
```

```
##                       ME      RMSE       MAE        MPE
## Training set    1147.204  8155.819  5774.677  0.5763675
## Test set      -25539.311 37954.952 32640.675 -9.4299420
##                    MAPE      MASE       ACF1 Theil's U
## Training set   3.839131 0.3235964 0.02357097        NA
## Test set      12.153867 1.8290903 0.54315176  1.439223
```

큰 차이는 없지만 ETS(M,Ad,M) 모형인 `fit_K_ets2` 모형의 예측 오차가 조금 더 작은 것으로 나타났다. ARIMA 모형과 ETS(M,Ad,M) 모형의 예측 결과를 그림 4.45의 그래프로 비교해 보자.

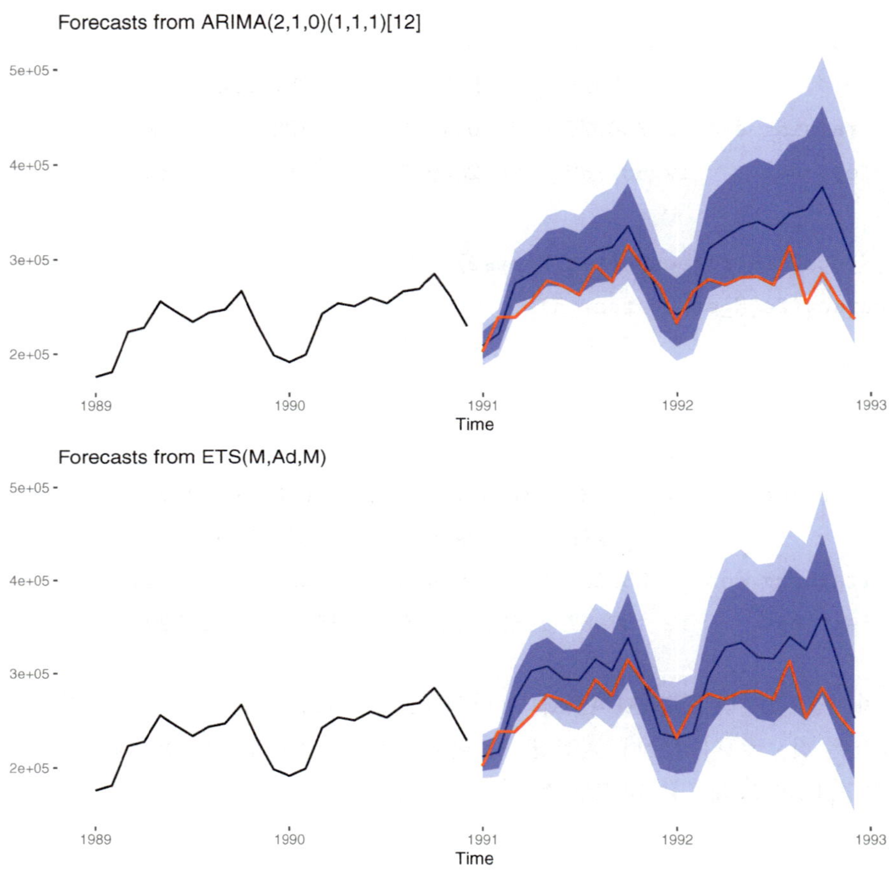

그림 4.45: 국내 입국 관광객 수 자료에 대한 예측 결과

제 5 장

회귀모형

3장과 4장에서 살펴본 ETS 모형과 ARIMA 모형은 자료들 사이에 존재하는 자기상관 구조에 의하여 형성되는 추세 성분과 계절 성분을 설명하는데 적합한 모형이다. 추세와 계절 성분이 자료의 자기상관에 의해 형성되는 경우를 확률적 추세 성분과 확률적 계절 성분이라고 부르는데, 시간의 흐름에 따라 변할 수 있다는 특징이 있다.

반면에 추세 성분의 기울기가 일정하고 계절 성분이 고정된 형태인 경우가 있는데, 이런 경우를 결정적 추세 성분과 결정적 계절 성분이라고 부른다. 결정적 성분에 대해서도 ETS 모형 및 ARIMA 모형을 사용할 수 있지만, 회귀모형을 사용하는 것이 더 효과적일 수 있다.

반응변수 y와 설명변수 $x_1, \dots, x_k$의 선형회귀모형은 다음과 같이 표현된다.

$$y_i = \beta_0 + \beta_1 x_{1i} + \cdots + \beta_k x_{ki} + \varepsilon_i, \quad i = 1, \dots, n \tag{5.1}$$

단, $\varepsilon_1, \dots, \varepsilon_n$는 서로 독립이며, 모두 $N(0, \sigma^2)$ 분포를 하는 확률변수라고 가정한다.

식 (5.1)의 선형회귀모형으로 시계열자료를 적합할 때 제일 문제가 되는 가정은 오차항의 독립성이다. 시계열자료 사이에는 일반적으로 유의한 자기상관이 존재하기 때문에 독립 오차항을 가정한 회귀모형은 적합한 모형이 아닌 것이다.

따라서 백색잡음 오차항이 아닌 ARMA 오차항을 가정한 회귀모형을 사용해야 한다.

회귀모형의 반응변수는 우리가 예측하고자 하는 시계열자료 y_t가 되는데, 설명변수로는 관측 시점 t 만을 사용하는 경우와 다른 시계열자료를 사용하는 경우로 구분된다. 5.1절에서는 관측 시점만을 설명변수로 사용하는 회귀모형에 대해 살펴볼 것이고, 5.2절에서는 다른 시계열자료를 설명변수로 사용하는 Dynamic 회귀모형에 대해 살펴볼 것이다.

5.1 ARMA 오차 회귀모형

추세와 계절 성분이 있는 시계열자료는 분해법을 근거로 다음과 같이 표현된다.

$$y_t = T_t + S_t + \varepsilon_t$$

시계열 회귀모형에서는 추세와 계절 성분인 $T_t + S_t$를 회귀모형으로 설명하는데, 추세인 T_t는 시점 t의 다항회귀모형으로 표현하고, 계절 성분인 S_t는 dummy 변수나 Fourier series 변수로 표현을 한다. 오차항 $\varepsilon_t = y_t - T_t - S_t$는 자료에서 비정상 요소가 제거된 상태로 표현되기 때문에 정상성을 만족하게 된다. 다만, 시계열자료의 특성으로 인하여 독립성이 만족되지 않는다면 오차의 상관관계를 ARMA 모형으로 설명해야 한다.

5.1.1 시계열 회귀모형

추세 성분은 설명변수인 시점 t의 다항회귀모형으로 표현하게 된다. 선형 추세의 경우에는 다음과 같이 표현하고

$$y_t = \beta_0 + \beta_1 t + \varepsilon_t$$

2차 추세의 경우에는 다음과 같이 표현한다.

$$y_t = \beta_0 + \beta_1 t + \beta_2 t^2 + \varepsilon_t$$

계절성분은 dummy 변수 또는 Fourier series 변수로 표현하게 된다. 계절성분을 dummy 변수로 표현하는 것은 각 계절 요소를 범주로 간주하는 것을 의미한다. 범주형 변수를 회귀모형에 설명변수로 포함시키는 방법은 자료가 해당 범주에 속하면 1, 아니면 0을 값으로 갖는 dummy 변수를 도입하는 것이다. 이 때 도입되는 dummy 변수의 개수는 범주의 개수보다 하나 작은 수가 되어야 절편 β_0 를 유지시킬 수 있다. 따라서 주기가 m 인 계절 성분을 설명하기 위해 $(m-1)$개의 dummy 변수를 도입한다면, 절편 β_0가 포함된 회귀모형을 사용하게 된다. 예를 들어, 분기별 시계열자료의 경우에는 $m = 4$ 이므로, 계절 회귀모형은 다음과 같이 3개의 dummy 변수로 표현할 수 있다.

$$y_t = \beta_0 + \beta_1 D_{1,t} + \beta_2 D_{2,t} + \beta_3 D_{3,t} + \varepsilon_t$$

단, dummy 변수 $D_{i,t}$ 는 시점 t 가 i 분기이면 1, 아니면 0이 된다. 예를 들어, 2012년 1분기부터 관측된 자료에 대한 dummy 변수들의 값은 다음과 같이 주어진다.

t	연도	분기	$D_{1,t}$	$D_{2,t}$	$D_{3,t}$
1	2012	1	1	0	0
2	2012	2	0	1	0
3	2012	3	0	0	1
4	2012	4	0	0	0
5	2013	1	1	0	0
6	2013	2	0	1	0
⋮	⋮	⋮	⋮	⋮	⋮

4분기에 대한 dummy 변수가 생략되었는데, 이와 같이 생략된 범주를 '기준 범주'라고 하며, 회귀계수 β_0가 기준 범주의 효과를 나타내는 모수가 된다. 또한 dummy 변수의 계수 β_j 는 기준 범주와 해당 범주의 효과 차이를 나타내는 모수가 된다. 따라서 β_1은 4분기와 1분기의 효과 차이를, β_2는 4분기와 2분기의 효과 차이를, β_3는 4분기와 3분기의 효과 차이를 각각 나타낸다.

계절 성분을 Fourier series 변수로 표현하는 것은 sine 변수와 cosine 변수의 선형 결합으로 계절 성분을 설명하겠다는 의미가 된다. 주기가 m인 시계열자료의 계절 성분은 다음과 같이 표현할 수 있다.

$$y_t = \beta_0 + \sum_{k=1}^{[m/2]} \left\{ \beta_{1k} \sin\left(\frac{2\pi kt}{m}\right) + \beta_{2k} \cos\left(\frac{2\pi kt}{m}\right) \right\} + \varepsilon_t$$

단, $[m/2]$ 는 $m/2$ 의 정수 부분이다.

$k = [m/2]$ 일 때, $\sin(2\pi kt/m) = 0$ 이 되기 때문에, 주기가 m인 계절 성분에 대해서 $(m-1)$개의 Fourier series 변수를 사용할 수 있다. 월별 자료의 경우에는 $m = 12$ 이므로, 다음과 같은 11개의 변수를 사용할 수 있다.

주기	변수
첫 번째 ($k = 1$)	$\sin(2\pi t/12)$, $\cos(2\pi t/12)$
두 번째 ($k = 2$)	$\sin(2\pi 2t/12)$, $\cos(2\pi 2t/12)$
세 번째 ($k = 3$)	$\sin(2\pi 3t/12)$, $\cos(2\pi 3t/12)$
네 번째 ($k = 4$)	$\sin(2\pi 4t/12)$, $\cos(2\pi 4t/12)$
다섯 번째 ($k = 5$)	$\sin(2\pi 5t/12)$, $\cos(2\pi 5t/12)$
여섯 번째 ($k = 6$)	$\sin(2\pi 6t/12)$

계절 성분을 dummy 변수로 표현하는 경우에는 $(m-1)$개의 dummy 변수를 모두 모형에 포함시켜야 m 개의 계절 요소를 온전히 나타낼 수 있다. 그러나 Fourier series 변수의 경우에는 계절 성분의 파동 형태를 sine과 cosine 변수의 선형 결합으로 직접 설명하는 것이기 때문에, $(m-1)$개 중 일부분만 선택해서 모형에 포함시키는 것이 가능한 방식이 된다. Fourier series 변수 중에서 동일 주기의 sine과 cosine 변수는 함께 움직이는 변수가 된다. 즉, 함께 모형에 포함되거나 함께 제거되어야 한다. 또한 특정 주기가 선택되면, 그 이하 주기의 변수들은 모두 모형에 포함되어야 한다. 최적 주기는 AICc의 최소화를 기준으로 선택할 수 있다.

Fourier series 변수들의 선형 결합으로 나타낼 수 있는 파동 그래프를 살펴보자. 그림 5.1의 첫 번째 그래프는 Fourier series 변수 중 첫 번째 주기 항의 단순 합인 $\sin(2\pi t)/12) + \cos(2\pi t/12)$ 의 그래프이다. 두 번째 그래프는 두 번째 주기 항의 단순 합인 $\sin(2\pi 2t/12) + \cos(2\pi 2t/12)$ 의 그래프이고, 세 번째 그래프는 세 번째 주기 항의 단순 합인 $\sin(2\pi 3t/12) + \cos(2\pi 3t/12)$ 의 그래프이다.

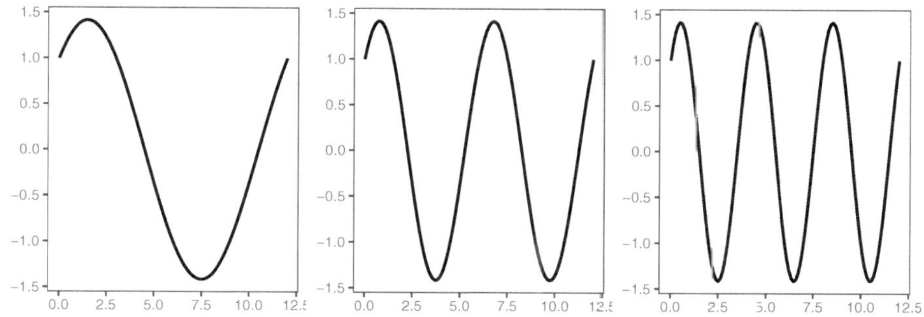

그림 5.1: Fourier series 변수 그래프

그림 5.2는 각 주기의 이하 주기 변수들을 모두 합한 결과를 그래프로 나타낸 것이다. 두 번째 그래프는 $\sum_{k=1}^{2}\{\sin(2\pi kt/12) + \cos(2\pi kt/12)\}$ 를 나타낸 것이고, 세 번째 그래프는 $\sum_{k=1}^{3}\{\sin(2\pi kt/12) + \cos(2\pi kt/12)\}$ 를 나타낸 것이다. 다양한 파동 형태를 나타낼 수 있음을 알 수 있다.

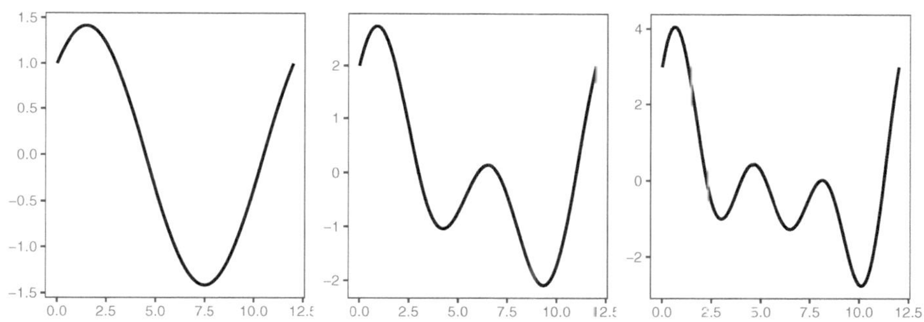

그림 5.2: Fourier series 변수 그래프

- 예제 : 분기별 호주 맥주 생산량 자료 (`fpp2::ausbeer`)

`ausbeer`는 1956년 1분기부터 2010년 2분기까지 호주의 분기별 맥주 생산량이다. 전체 기간 중 1975년 1분기 이후 자료에 대한 회귀모형을 적합시켜보자. 마지막 2년 자료는 test data로 남겨두자.

```
train_b <- window(ausbeer, start = 1975, end = c(2008, 2))
test_b <- window(ausbeer, start = c(2008, 3))
```

그림 5.3은 전체 자료의 시계열 그래프이다. Test data는 빨간 색으로 구분했다.

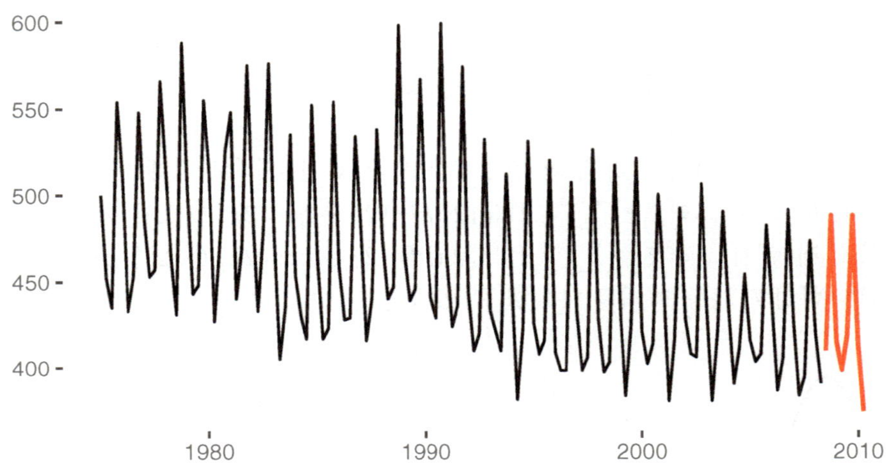

그림 5.3: 자료 ausbeer의 시계열 그래프

시계열자료에 대한 회귀모형의 적합은 함수 tslm()으로 할 수 있다. 함수 tslm()은 lm()과 실질적으로 동일한 함수지만, ts 객체에 대한 회귀모형 적합을 위한 함수이다. 잔차 및 적합값이 ts 객체로 생성되고, 결측값 처리 방식이 시계열자료에 적합하도록 설정되었다.

추세 변수와 계절 변수를 시점 t를 이용하여 생성하는 방법을 살펴보자. 먼저 추세 변수는 함수 time()으로 자료가 관측된 시점을 생성할 수 있다. 자료 train_b에 대해 함수 time()을 적용한 결과를 살펴보자. 1975년 1분기 값을 1975.00으로 두고, 1/4 간격으로 다음 분기의 관측 시점을 생성하고 있다.

```
time(train_b)[1:9]
```

```
## [1] 1975.00 1975.25 1975.50 1975.75 1976.00 1976.25 1976.50
```

```
## [8] 1976.75 1977.00
```

관측 시점을 $t = 1, 2, 3, \ldots$ 로 하여 사용하고자 한다면, `1:length(train_b)`를 추세 변수로 사용하거나, 함수 `tslm()`에서 `trend`를 추세 변수로 사용하면 된다.

계절 변수로 dummy 변수를 사용한다면 함수 `forecast::seasonaldummy()`를 사용하거나, 함수 `tslm()`에서 `season`을 변수로 사용하면 된다. 계절 주기에 맞추어 필요한 dummy 변수를 생성한다.

```
seasonaldummy(train_b)[1:5,]
```

```
##      Q1 Q2 Q3
## [1,]  1  0  0
## [2,]  0  1  0
## [3,]  0  0  1
## [4,]  0  0  0
## [5,]  1  0  0
```

Fourier series 변수를 사용한다면 함수 `forecast::fourier()`를 사용하면 된다. 모형에 포함되는 fourier series 변수들의 최대 주기는 옵션 `K`에 지정하면 된다.

```
fourier(train_b, K = 2)[1:5,]
```

```
##      S1-4 C1-4 C2-4
## [1,]    1    0   -1
## [2,]    0   -1    1
## [3,]   -1    0   -1
## [4,]    0    1    1
## [5,]    1    0   -1
```

S1-4와 C1-4는 $K = 1$ 에 해당하는 $\sin(2\pi t/4)$ 와 $\cos(2\pi t/4)$ 를 의미하고, C2-4는 $K = 2$ 에 해당하는 $\cos(2\pi 2t/4)$ 를 나타내고 있다.

함수 time()에 의한 추세 변수와 seasonaldummy()에 의한 계절 변수를 사용하여 회귀모형을 적합해 보고, 그 결과를 확인해 보자.

```
fit1 <- tslm(train_b ~ time(train_b) + seasonaldummy(train_b))
```

```
summary(fit1)
```

```
##
## Call:
## tslm(formula = train_b ~ time(train_b) + seasonaldummy(train_b))
##
## Residuals:
##     Min      1Q  Median      3Q     Max
## -47.776 -11.771  -0.738  10.842  63.468
##
## Coefficients:
##                          Estimate Std. Error t value
## (Intercept)             5335.5613   325.0641   16.41
## time(train_b)             -2.4112     0.1632  -14.78
## seasonaldummy(train_b)Q1  -74.4299     4.4641  -16.67
## seasonaldummy(train_b)Q2 -118.3271     4.4639  -26.51
## seasonaldummy(train_b)Q3 -105.7240     4.4973  -23.51
##                          Pr(>|t|)
## (Intercept)                <2e-16 ***
## time(train_b)              <2e-16 ***
## seasonaldummy(train_b)Q1   <2e-16 ***
## seasonaldummy(train_b)Q2   <2e-16 ***
## seasonaldummy(train_b)Q3   <2e-16 ***
## ---
## Signif. codes:
## 0 '***' 0.001 '**' 0.01 '*' 0.05 '.' 0.1 ' ' 1
##
## Residual standard error: 18.27 on 129 degrees of freedom
```

```
## Multiple R-squared:  0.8911, Adjusted R-squared:  0.8877
## F-statistic: 263.9 on 4 and 129 DF,  p-value: < 2.2e-16
```

이번에는 변수 trend와 season을 사용해서 적합해 보고, 결과를 확인해 보자.

```
fit2 <- tslm(train_b ~ trend + season)
```

```
summary(fit2)
```

```
##
## Call:
## tslm(formula = train_b ~ trend + season)
##
## Residuals:
##     Min      1Q  Median      3Q     Max
## -47.776 -11.771  -0.738  10.842  63.468
##
## Coefficients:
##             Estimate Std. Error t value Pr(>|t|)
## (Intercept) 499.6812     4.1577 120.181  < 2e-16 ***
## trend        -0.6028     0.0408 -14.775  < 2e-16 ***
## season2     -43.8972     4.4306  -9.908  < 2e-16 ***
## season3     -31.2941     4.4639  -7.011 1.19e-10 ***
## season4      74.4299     4.4641  16.673  < 2e-16 ***
## ---
## Signif. codes:
## 0 '***' 0.001 '**' 0.01 '*' 0.05 '.' 0.1 ' ' 1
##
## Residual standard error: 18.27 on 129 degrees of freedom
## Multiple R-squared:  0.8911, Adjusted R-squared:  0.8877
## F-statistic: 263.9 on 4 and 129 DF,  p-value: < 2.2e-16
```

fit1과 fit2의 적합 결과가 서로 다른 것처럼 보인다. 그러나 추세의 기울기가 다른 것은 모형에서 사용된 추세 변수의 간격이 다르기 때문이다. 즉, 두 모형의 추세 기울기가 4배 차이 나는 이유는 모형 `fit1`에서 사용된 추세 변수의 간격이 1/4인 반면에 모형 `fit2`에서 사용된 추세 변수의 간격은 1이기 때문이다.

또한 절편이 다른 것은 두 모형의 기준 범주가 다르며, 사용된 추세 변수의 범위가 다르기 때문이다. 즉, `fit1`에서 사용된 추세 변수는 1975.00부터 값을 갖고 있지만, `fit2`에서는 추세 변수가 1부터 값을 갖고 있으며, 함수 `seasonaldummy()`는 마지막 범주를 기준 범주로 설정하는데, 변수 `season`은 첫 번째 범주를 기준 범주로 설정하고 있어서, dummy 변수의 구성도 다르게 된다.

두 모형의 적합값을 비교해 보면 실질적으로 같은 모형임을 알 수 있다.

```
tibble::tibble(fit1 = fit1$fitted, fit2 = fit2$fitted)
```

```
## # A tibble: 134 x 2
##     fit1  fit2
##    <dbl> <dbl>
##  1  499.  499.
##  2  455.  455.
##  3  467.  467.
##  4  572.  572.
##  5  497.  497.
##  6  452.  452.
##  7  464.  464.
##  8  569.  569.
##  9  494.  494.
## 10  450.  450.
## # ... with 124 more rows
```

이번에는 함수 `time()`에 의한 추세 변수와 `fourier()`에 의한 Fourier series 변수를 사용하여 회귀모형을 적합해 보고, 그 결과를 확인해 보자. 분기별 자료의 최대 주기인 `K=2`를 지정해서 확인해 보자.

```
fit3 <- tslm(train_b ~ time(train_b) + fourier(train_b, K=2))
```

```
summary(fit3)
```

```
##
## Call:
## tslm(formula = train_b ~ time(train_b) + fourier(train_b, K = 2))
##
## Residuals:
##     Min      1Q  Median      3Q     Max
## -47.776 -11.771  -0.738  10.842  63.468
##
## Coefficients:
##                              Estimate Std. Error t value
## (Intercept)                 5260.9410   325.0320  16.186
## time(train_b)                 -2.4112     0.1632 -14.775
## fourier(train_b, K = 2)S1-4   15.6471     2.2319   7.011
## fourier(train_b, K = 2)C1-4   59.1635     2.2319  26.508
## fourier(train_b, K = 2)C2-4   15.4567     1.5784   9.793
##                             Pr(>|t|)
## (Intercept)                  < 2e-16 ***
## time(train_b)                < 2e-16 ***
## fourier(train_b, K = 2)S1-4 1.19e-10 ***
## fourier(train_b, K = 2)C1-4  < 2e-16 ***
## fourier(train_b, K = 2)C2-4  < 2e-16 ***
## ---
## Signif. codes:
## 0 '***' 0.001 '**' 0.01 '*' 0.05 '.' 0.1 ' ' 1
##
## Residual standard error: 18.27 on 129 degrees of freedom
## Multiple R-squared:  0.8911, Adjusted R-squared:  0.8877
## F-statistic: 263.9 on 4 and 129 DF,  p-value: < 2.2e-16
```

Fourier series의 모든 변수를 사용한 모형은 dummy 변수를 사용한 모형과 실질적으로 동일한 모형이 된다. **fit1**과 **fit3**의 적합값을 비교해 보자.

```
tibble::tibble(fit1 = fit1$fitted, fit3 = fit3$fitted)
```

```
## # A tibble: 134 x 2
##     fit1  fit3
##    <dbl> <dbl>
##  1  499.  499.
##  2  455.  455.
##  3  467.  467.
##  4  572.  572.
##  5  497.  497.
##  6  452.  452.
##  7  464.  464.
##  8  569.  569.
##  9  494.  494.
## 10  450.  450.
## # ... with 124 more rows
```

시계열자료 회귀모형의 모형 진단을 실시해서, 가정 만족에 문제가 있는지 확인해 보자. 함수 **checkresiduals()**는 **lm()** 또는 **tslm()**으로 생성된 객체에 대해서 Breusch-Godfrey 검정으로 독립성을 확인한다. 검정 결과는 오차가 독립이 아니라는 결론이며, 잔차의 시계열 그래프와 ACF에서도 같은 모습을 확인할 수 있다. 시계열자료에 회귀모형을 적합해 생성된 잔차 사이에는 강한 상관 관계가 존재하고 있음을 확인할 수 있었다. 이것은 설명이 안 된 패턴이 남아 있음을 의미하는 것이며, 따라서 추가적인 작업이 필요한 것이다.

```
checkresiduals(fit1)
```

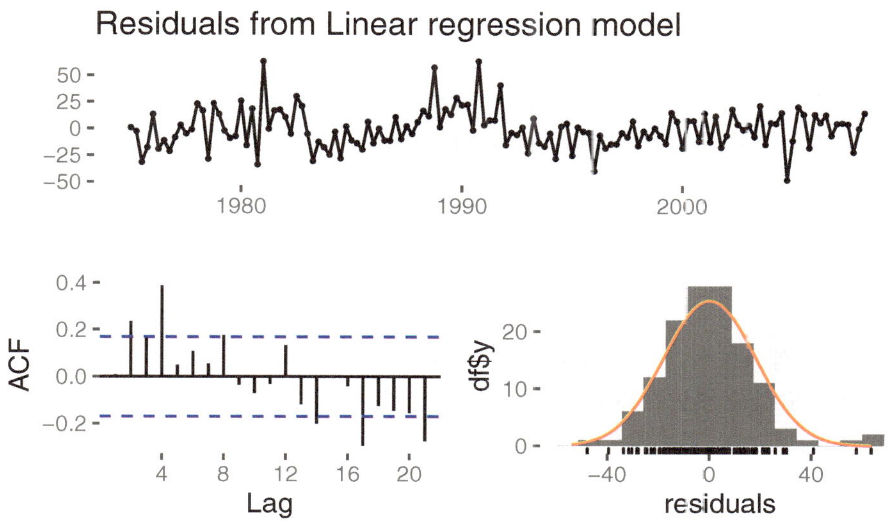


```
##
##  Breusch-Godfrey test for serial correlation of order
##  up to 8
##
## data:  Residuals from Linear regression model
## LM test = 30.158, df = 8, p-value = 0.0001982
```

5.1.2 ARMA 오차 시계열 회귀모형

시계열자료 y_t에 대한 ARMA 오차 회귀모형은 다음과 같이 표현된다.

$$y_t = \beta_0 + \beta_1 x_{1t} + \cdots + \beta_k x_{kt} + \eta_t$$

단, η_t는 회귀모형의 오차항으로써 다음과 같은 ARMA(p,q) 모형을 따르며,

$$\left(1 - \phi_1 B - \cdots - \phi_p B^p\right) \eta_t = (1 + \theta_1 B + \cdots + \theta_q B^q)\varepsilon_t$$

ε_t는 ARMA 모형의 오차항으로써 평균이 0이고, 분산이 σ^2 인 백색잡음을 따르는 확률변수이다.

ARMA 오차 회귀모형을 적합하는 방법은 함수 **Arima()** 또는 **auto.arima()**를 사용하는 것이다. 회귀모형의 설명변수는 **xreg**에 벡터 혹은 행렬의 형태로 지정하면 된다. 설명변수가 하나인 경우에는 벡터 형태로 지정하면 되고, 두 개 이상의 설명변수를 포함시키는 경우에는 함수 **cbind()**를 사용하여 각 설명변수의 행렬을 형성해서 지정하면 된다.

- 예제 : 자료 `fpp2::ausbeer`

5.1.1절의 예제에서 자료 **ausbeer**에 대해 백색잡음 회귀모형을 적합시켰으나. 잔차가 독립성을 만족하지 못하는 문제가 발견되었다. 잔차에 남아 있는 패턴을 ARMA 모형으로 설명하기 위해 ARMA 오차 회귀모형을 적합시켜보자.

```
train_b <- window(ausbeer, start = 1975, end = c(2008, 2))
test_b <- window(ausbeer, start = c(2008, 3))
```

```
fit4 <- auto.arima(train_b,
                   xreg = cbind(Time = time(train_b),
                                Qtr = seasonaldummy(train_b)),
                   stepwise = FALSE)
```

```
fit4
```

```
## Series: train_b
## Regression with ARIMA(3,0,0)(1,0,0)[4] errors
##
## Coefficients:
##           ar1     ar2     ar3    sar1  intercept     Time
##       -0.1233  0.1645  0.2440  0.4155  5227.3160  -2.3573
## s.e.   0.0852  0.0831  0.0849  0.0817   611.6432   0.3071
##         Qtr.Q1     Qtr.Q2     Qtr.Q3
##       -73.4170  -117.2944  -105.5713
## s.e.    6.0565     5.2917     6.0999
```

```
##
## sigma^2 = 264.2:  log likelihood = -559.59
## AIC=1139.19   AICc=1140.97   BIC=1168.16
```

잔차에 가장 적합한 모형은 ARIMA(3,0,0)(1,0,0)$_4$가 선택되었다. 즉, 잔차에 비계절형 요소 뿐 아니라 계절형 요소도 남아 있다는 것이다.

ARMA 오차 회귀모형 `fit4`에 대한 모형 진단을 실시해 보자. 모든 가정이 만족되고 있음을 알 수 있다.

```
checkresiduals(fit4)
```

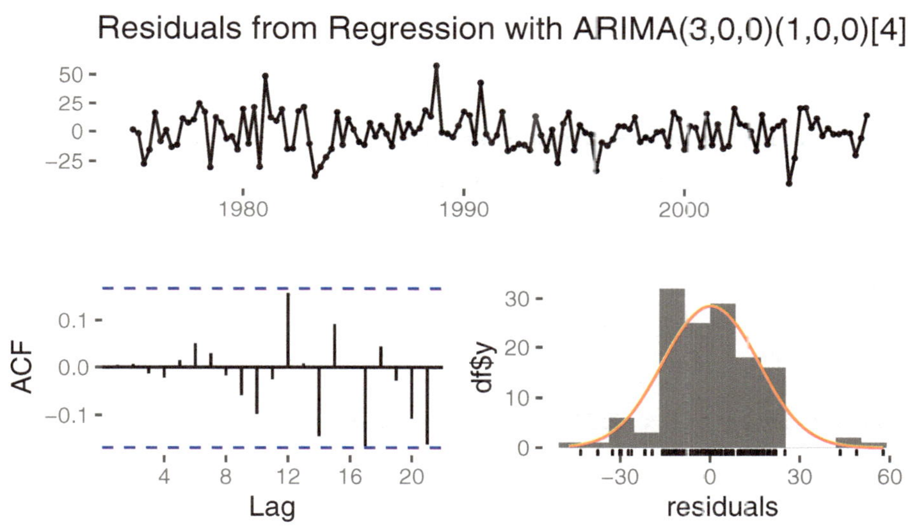


```
##
##  Ljung-Box test
##
## data:  Residuals from Regression with ARIMA(3,0,0)(1,0,0)[4] errors
## Q* = 0.64935, df = 4, p-value = 0.9574
##
## Model df: 4.   Total lags used: 8
```

ARMA 오차 회귀모형의 예측은 함수 `forecast()`로 할 수 있다. 사용법은 `forecast(object, xreg, ...)`가 되는데, `object`에는 함수 `Arima()` 혹은

auto.arima()로 생성된 객체를 지정하고, xreg에는 예측 시점에 대한 설명변수의 자료를 벡터 또는 행렬의 형태로 지정하면 된다.

Test data인 test_b에 대한 예측을 실시해 보자.

```
fc4 <- forecast(fit4,
                xreg = cbind(Time = time(test_b),
                             Qtr = seasonaldummy(test_b)))
```

ARMA 오차 회귀모형의 예측 결과와 백색잡음 회귀모형의 예측 결과를 비교해 보자. 함수 tslm()에 변수 trend와 season을 사용한 fit2에 대한 예측은 다음과 같이 실시할 수 있다.

```
fit2 <- tslm(train_b ~ trend + season)
fc2 <- forecast(fit2, h = length(test_b))
```

점 예측 결과는 fc2$mean과 fc4$mean에 할당되어 있다. 두 결과를 비교해 보자. 큰 차이는 없는 것으로 보인다.

```
tibble::tibble(fc2 = fc2$mean, fc4 = fc4$mean)
```

```
## # A tibble: 8 x 2
##     fc2   fc4
##   <dbl> <dbl>
## 1  387.  383.
## 2  492.  485.
## 3  417.  420.
## 4  373.  378.
## 5  385.  384.
## 6  490.  487.
## 7  415.  416.
## 8  370.  373.
```

95% 예측 구간의 폭을 비교해 보자. 예측 구간의 상한은 `fc2$upper`과 `fc4$upper`에 할당되었고, 하한은 `fc2$lower`과 `fc4$lower`에 각각 할당되어 있다. 예측 구간의 신뢰수준으로 80%와 95%가 사용되는 것이 디폴트이며, 따라서 다음과 같이 95% 예측 구간의 폭을 계산할 수 있다 ARMA 오차 회귀모형의 예측 구간인 `fc4`의 폭이 더 좁은 것을 확인할 수 있다.

```
tibble::tibble(fc2 = fc2$upper[,2] - fc2$lower[,2],
               fc4 = fc4$upper[,2] - fc4$lower[,2])
```

```
## # A tibble: 8 x 2
##     fc2   fc4
##   <dbl> <dbl>
## 1  74.2  63.7
## 2  74.2  64.2
## 3  74.2  65.2
## 4  74.2  66.5
## 5  74.3  71.0
## 6  74.3  71.0
## 7  74.3  71.3
## 8  74.3  71.5
```

예측 오차의 크기를 비교해 보자. 예측 오차의 크기에는 큰 차이가 없음을 알 수 있다.

```
accuracy(fc2, test_b)
```

```
##                        ME     RMSE      MAE        MPE
## Training set 8.491860e-16 17.92314 13.57971 -0.1317235
## Test set     9.745836e+00 17.30833 11.90530  2.4185316
##                  MAPE      MASE        ACF1 Theil's U
## Training set 2.924979 0.8311500 0.007149994        NA
## Test set     2.886254 0.7286673 0.048860146 0.3056324
```

```
accuracy(fc4, test_b)
```

```
##                        ME     RMSE      MAE         MPE
## Training set  0.1677325 15.69822 12.11679 -0.07293605
## Test set     10.0161277 17.40591 11.67960  2.42511984
##                    MAPE      MASE         ACF1 Theil's U
## Training set 2.618274 0.7416116 0.004529308        NA
## Test set     2.826267 0.7148528 0.049644862 0.2895782
```

예측 결과를 그래프로 나타내서 비교해 보자.

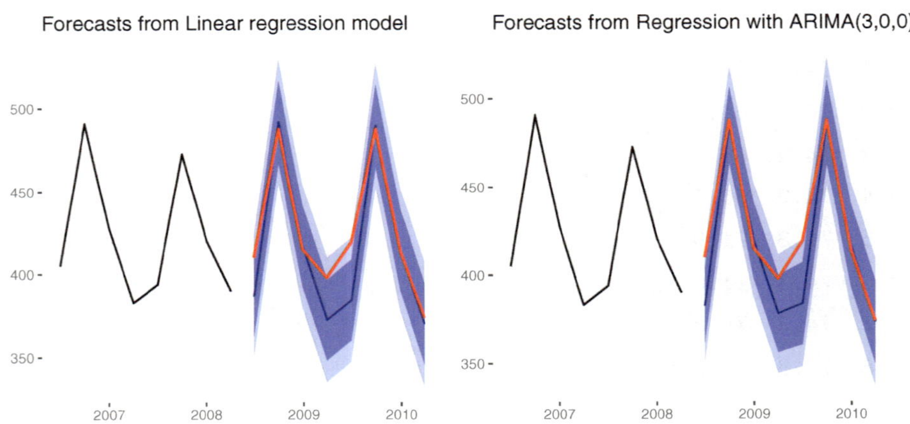

그림 5.4: `ausbeer` 자료에 대한 예측 결과

5.1.3 실습 예제

- 예제 1 : 1970년 1월부터 2005년 12월까지 지구 기온 자료 (`global.txt`)

`global.txt`는 1.2.2절에서 다루었던 지구 기온 자료이다. 1856년 1월부터 2005년 12월까지의 자료인데, 그 중 1970년 이후 자료만을 대상으로 ARMA 오차 회귀모형과 ARIMA 모형, 그리고 ETS 모형으로 예측 모형을 각각 적합시키고 예측 결과를 비교해 보자.

자료를 불러 들이고 training data와 test data로 분리시키자.

```
global <- scan("https://raw.githubusercontent.com/yjyjpark/
↪  TS-with-R/main/Data/global.txt")
global.ts <- ts(global, start = c(1856, 1), frequency = 12)
train_g <- window(global.ts, start = 1970, end = c(2003,12))
test_g <- window(global.ts, start = 2004)
```

그림 5.5은 1970년부터 자료의 시계열 그래프이다. Test data는 빨간 색으로 구분했다.

```
autoplot(train_g) +
  autolayer(test_g, color = "red", size = .8) +
  labs(x = NULL, y = NULL)
```

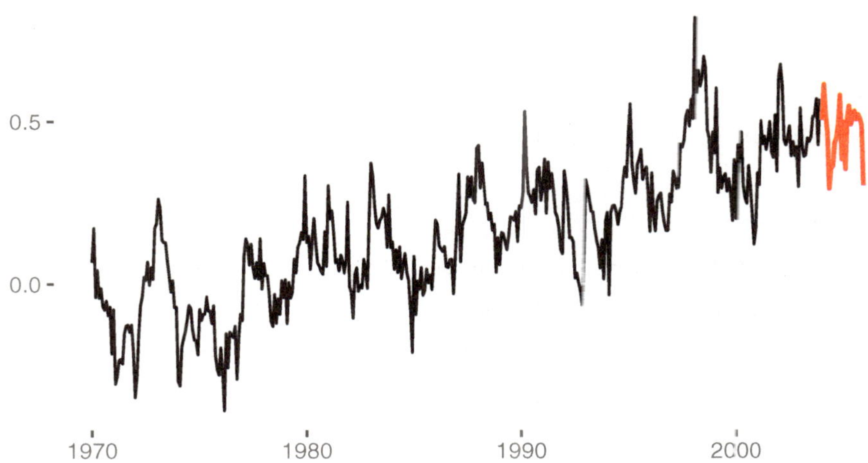

그림 5.5: 자료 `global.txt`의 training data와 test data의 시계열 그래프

1) ARMA 오차 회귀모형 적합

계절 성분이 있는 시계열자료에 회귀모형을 적용할 때에는 계절 성분을 dummy 변수로 나타낼 것인지, Fourier series 변수로 나타낼 것인지를 선택해야 한다. 먼저 선형 추세와 dummy 변수를 사용한 회귀모형을 적합시켜 보자. 추세 변수는 함수 `time()`으로 생성하고, 계절 변수는 함수 `seasonaldummy()`로 생성한다.

```
Time <- time(train_g)
Month <- seasonaldummy(train_g)
```

모형 `fit1`의 적합 과정에서 `stepwise = FASLE`와 `approximation = FALSE`를 제외했는데, 두 옵션을 추가해도 같은 결과를 얻게 된다.

```
fit1 <- auto.arima(train_g, xreg = cbind(Time, Month))
```

잔차는 AR(2) 모형으로 적합되었다.

```
summary(fit1)
```

```
## Series: train_g
## Regression with ARIMA(2,0,0) errors
##
## Coefficients:
##          ar1     ar2  intercept    Time  Month.Jan
##       0.4932  0.3204   -34.5510  0.0175     0.0409
## s.e.  0.0469  0.0472     4.2613  0.0021     0.0161
##       Month.Feb  Month.Mar  Month.Apr  Month.May  Month.Jun
##          0.0522     0.0268     0.0250     0.0093     0.0162
## s.e.     0.0171     0.0195     0.0204     0.0211     0.0213
##       Month.Jul  Month.Aug  Month.Sep  Month.Oct  Month.Nov
##          0.0137     0.0151     0.0002     -0.015    -0.0304
## s.e.     0.0211     0.0204     0.0194      0.017     0.0160
##
```

```
## sigma^2 = 0.007112:  log likelihood = 437.21
## AIC=-842.41   AICc=-841.02   BIC=-778.23
##
## Training set error measures:
##                         ME       RMSE        MAE      MPE
## Training set -0.0007778394 0.08276884 0.06379682 22.62755
##                  MAPE      MASE        ACF1
## Training set 81.57672 0.4285951 0.006984407
```

이번에는 선형 추세와 Fourier series 변수를 사용한 회귀모형을 적합시켜 보자. Fourier series 변수를 사용하기 위해서는 최적 주기를 결정해야 한다.

```
Time <- time(train_g)
res <- vector("numeric", 6)
for(i in seq(res)){
  xreg <- cbind(Time, fourier(train_g, K = i))
  fit <- auto.arima(train_g, xreg = xreg)
  res[i] <- fit$aicc
}
```

객체 `res`에는 6개 모형의 AICc가 입력되어 있다. 그 중 두 번째 모형의 AICc가 가장 작은 값임을 확인할 수 있다.

```
res
```

```
## [1] -840.8765 -851.6310 -850.3429 -846.7538 -842.5771
## [6] -841.0206
```

```
(k_min <- which.min(res))
```

```
## [1] 2
```

이제 $K = 2$ 를 최적 주기로 하는 Fourier series 변수를 사용한 회귀모형을 적합시켜 보자.

```
Fourier <- fourier(train_g, K = k_min)
fit2 <- auto.arima(train_g, xreg = cbind(Time, Fourier))
```

`fit1`의 경우와 동일하게 `fit2`에서도 잔차는 AR(2) 모형으로 적합되었다.

```
summary(fit2)
```

```
## Series: train_g
## Regression with ARIMA(2,0,0) errors
##
## Coefficients:
##          ar1     ar2  intercept    Time  Fourier.S1-12
##       0.4919  0.3200   -34.4729  0.0174         0.0210
## s.e.  0.0469  0.0472     4.2484  0.0021         0.0088
##       Fourier.C1-12  Fourier.S2-12  Fourier.C2-12
##             -0.0047         0.0192        -0.0054
## s.e.         0.0087         0.0051         0.0051
##
## sigma^2 = 0.007062:  log likelihood = 435.04
## AIC=-852.08   AICc=-851.63   BIC=-815.98
##
## Training set error measures:
##                         ME       RMSE       MAE      MPE
## Training set -0.0007984029 0.08320983 0.0640202 22.23643
##                  MAPE      MASE        ACF1
## Training set 80.56552 0.4300958 0.004973903
```

두 모형의 검진을 실시해 보자. 먼저 선형 추세와 dummy 변수를 사용한 회귀모형인 모형 `fit1`의 모형 검진을 진행해 보자. 모형 `fit1`의 경우에는 가정 만족에 큰 문제가 없는 것으로 보인다.

```
checkresiduals(fit1)
```

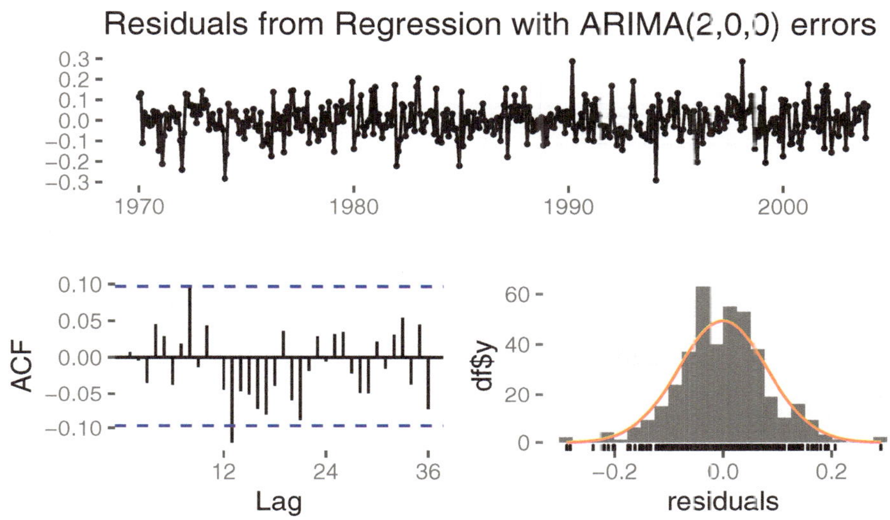


```
##
##  Ljung-Box test
##
## data:  Residuals from Regression with ARIMA(2,0,0) errors
## Q* = 27.817, df = 22, p-value = 0.1818
##
## Model df: 2.   Total lags used: 24
```

선형 추세와 Fourier series 변수를 사용한 회귀모형인 모형 `fit2`의 모형 검진도 진행해 보자. 모형 `fit2`에도 큰 문제 없이 가정을 만족하고 있음을 알 수 있다.

```
checkresiduals(fit2)
```

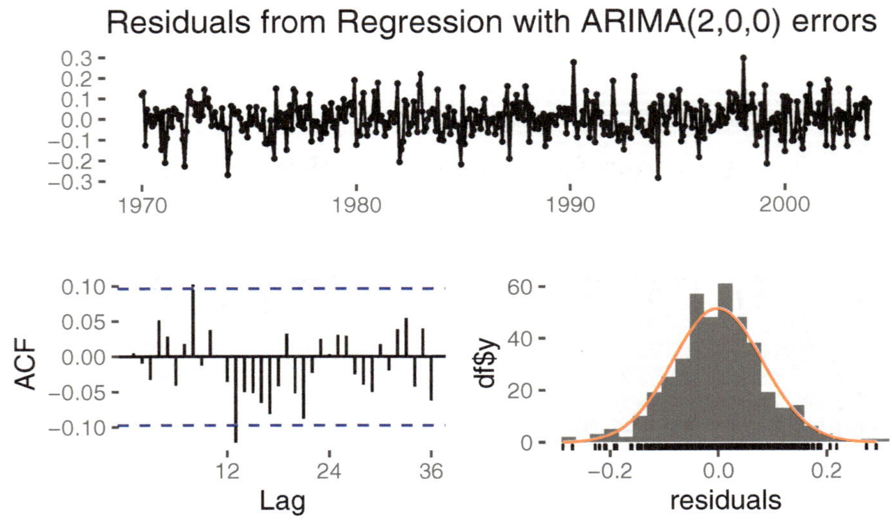


```
##
##  Ljung-Box test
##
## data:  Residuals from Regression with ARIMA(2,0,0) errors
## Q* = 27.53, df = 22, p-value = 0.1918
##
## Model df: 2.   Total lags used: 24
```

이제 두 회귀모형 중 한 모형을 선택해 보자. 선택 기준으로는 AICc를 사용해 보자.

```
c(fit1$aicc, fit2$aicc)
```

```
## [1] -841.0206 -851.6310
```

모형 `fit2`의 AICc가 더 작게 계산되었고, 따라서 최종 예측 모형으로 선택하자.

```
fit_reg <- fit2
```

2) ARIMA 모형의 적합

차분 및 계절 차분이 필요한지 여부를 확인해 보자.

```
ggtsdisplay(train_g)
```

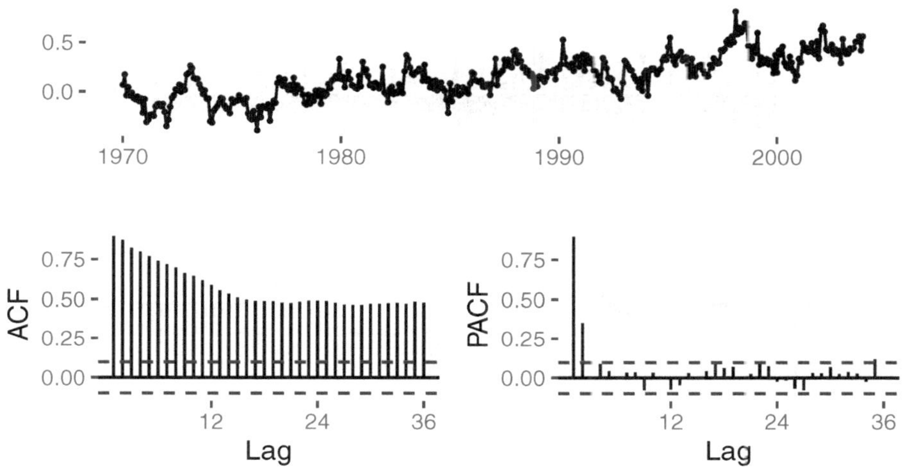

뚜렷한 추세가 시계열 그래프에서 보이며, 표본 ACF 그래프에서 매우 큰 값의 r_1 과 천천히 감소하는 모습에서 1차 차분이 필요한 것을 알 수 있다. 그러나 계절 차분이 필요한지 여부는 명확하게 보이지 않는다. 단위근 검정 결과를 확인해 보자.

```
ndiffs(train_g)
```

```
## [1] 1
```

```
nsdiffs(train_g)
```

```
## [1] 0
```

1차 차분은 필요하지만, 계절 차분은 필요 없는 것으로 나타났다. 이제 1차 차분을 실시한 자료를 대상으로 시계열 그래프와 ACF, PACF를 작성해 보자. 정상성이 만족된 것으로 보인다.

```
train_g %>%
  diff() %>%
  ggtsdisplay()
```

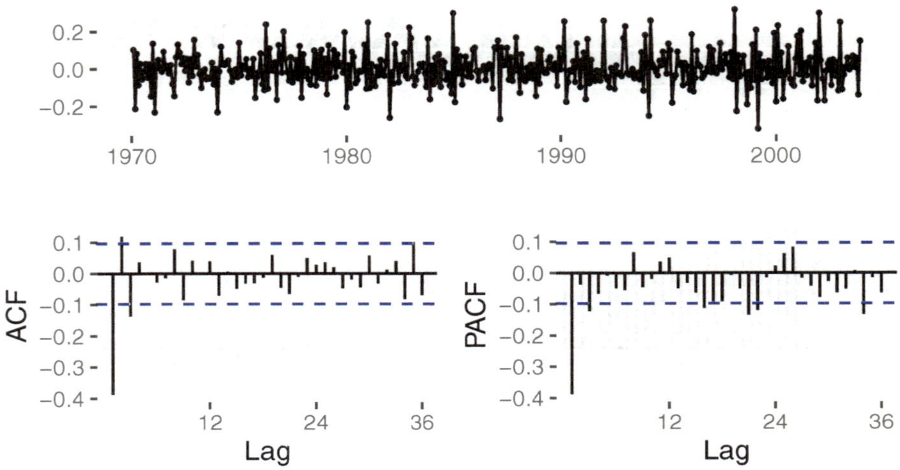

이제 잔차의 표본 ACF와 PACF를 이용해서 모형 식별을 시도해 보자. 비계절 요소는 1시차에서 6시차까지의 패턴으로 인식하게 되는데, ACF는 3시차까지 모두 유의하고, PACF는 1시차와 3시차가 유의한 것으로 나타났다. 이러한 경우에는 ACF를 감소, PACF는 감소 또는 3시차에서 절단으로 볼 수 있으며, 따라서 ARMA 모형이나 AR 모형이 가능할 것으로 보인다. 계절형 요소는 12, 24, 36시차에서 ACF와 PACF가 모두 매우 작은 값을 갖고 있기 때문에, 계절형 요소가 없는 것으로 볼 수도 있고, $AR(1)_{12}$ 또는 $MA(1)_{12}$로 볼 수도 있는 상황이다.

함수 `auto.arima()`를 사용해서 AICc가 가장 작은 모형을 찾아 보자.

```
fit_arima <- auto.arima(train_g,
                        stepwise = FALSE,
                        approximation = FALSE)
```

적합 결과는 비계절형 요소만 있는 ARIMA(2,1,1)이 선택된 것을 알 수 있다.

```
fit_arima
```

```
## Series: train_g
## ARIMA(2,1,1)
##
## Coefficients:
##          ar1     ar2      ma1
##       0.5198  0.3008  -0.9703
## s.e.  0.0498  0.0492   0.0132
##
## sigma^2 = 0.007576:  log likelihood = 417.27
## AIC=-826.55   AICc=-826.45   BIC=-810.51
```

모형 fit_arima에 대한 검진을 실시해 보자. 모든 가정이 만족되고 있음을 볼 수 있다.

```
checkresiduals(fit_arima)
```

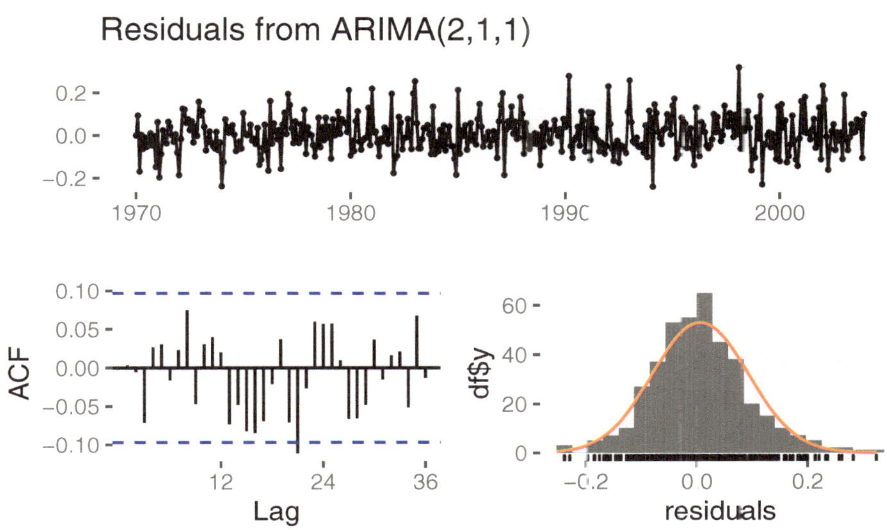


```
##
```

```
## 	Ljung-Box test
##
## data:  Residuals from ARIMA(2,1,1)
## Q* = 30.228, df = 21, p-value = 0.08751
##
## Model df: 3.   Total lags used: 24
```

3) ETS 모형의 적합

함수 ets()로 AICc가 최소인 모형을 선택해 보자.

```
fit_ets <- ets(train_g)
```

최적 모형은 ETS(A,N,N)이 선택되었다.

```
fit_ets
```

```
## ETS(A,N,N)
##
## Call:
##  ets(y = train_g)
##
##   Smoothing parameters:
##     alpha = 0.5868
##
##   Initial states:
##     l = 0.0782
##
##   sigma:  0.0885
##
##      AIC     AICc      BIC
## 478.0785 478.1379 490.1123
```

모형 `fit_ets`에 대한 검진을 실시해 보자.

```
checkresiduals(fit_ets)
```

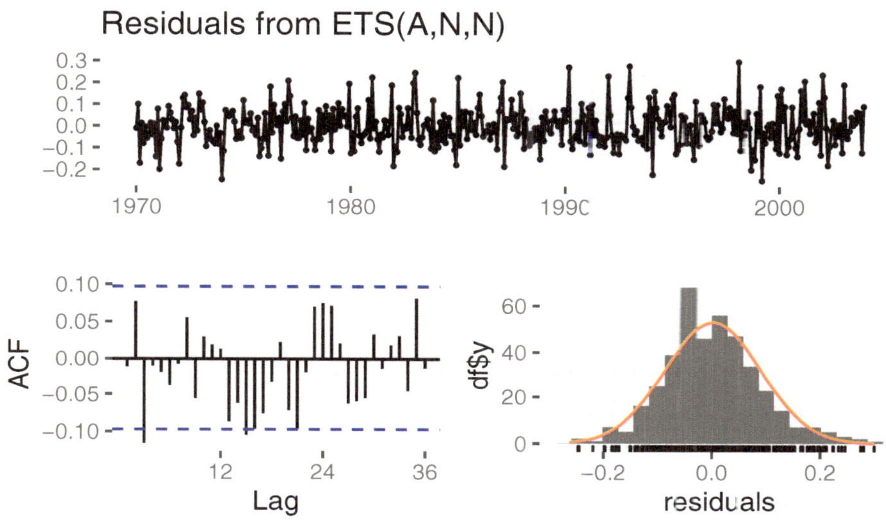


```
##
##  Ljung-Box test
##
## data:  Residuals from ETS(A,N,N)
## Q* = 39.376, df = 22, p-value = 0.01277
##
## Model df: 2.   Total lags used: 24
```

독립성 가정에 문제가 있는 것으로 나타났다. 독립성 가정을 만족시키지 못하는 모형의 경우에는 예측의 신빙성에 문제가 있을 수 있는데, 점 예측 (point forecast) 결과보다 예측 구간에 더 큰 문제가 있을 수 있다. 간혹 모든 가정을 만족시키는 모형을 찾지 못하는 경우도 있는데, 이런 경우에는 예측 결과를 적용할 때 조심할 필요가 있다.

이제 세 가지 모형인 `fit_reg`, `fit_arima`, `fit_ets`에 의한 예측을 실시하고, 결과를 비교해 보자.

```
new_reg <- cbind(Time = time(test_g),
                 Fourier = fourier(test_g, K = k_min))
fc_reg <- forecast(fit_reg, xreg = new_reg)
fc_arima <- forecast(fit_arima, h = length(test_g))
fc_ets <- forecast(fit_ets, h = length(test_g))
```

예측 오차를 비교해 보자.

```
accuracy(fc_reg, test_g)
```

```
##                        ME       RMSE        MAE       MPE
## Training set -0.0007984029 0.08320983 0.06402020 22.236428
## Test set     -0.0266870191 0.09047869 0.06864433 -9.691571
##                  MAPE      MASE        ACF1 Theil's U
## Training set 80.56552 0.4300958 0.004973903        NA
## Test set     17.39724 0.4611613 0.300995351  1.015694
```

```
accuracy(fc_arima, test_g)
```

```
##                       ME       RMSE        MAE       MPE
## Training set 0.006369769 0.08661271 0.06601014 24.330149
## Test set     0.004650257 0.08557693 0.07319499 -2.829173
##                  MAPE      MASE        ACF1 Theil's U
## Training set 79.34066 0.4434645 0.003457635        NA
## Test set     17.33066 0.4917332 0.335253668 0.9396727
```

```
accuracy(fc_ets, test_g)
```

```
##                        ME       RMSE        MAE       MPE
## Training set  0.001901676 0.08829198 0.06862716  20.00303
## Test set     -0.062218811 0.10436651 0.07564587 -17.55797
```

```
##                      MAPE      MASE        ACF1 Theil's U
## Training set 84.32056 0.4610460 -0.01131321        NA
## Test set     19.80559 0.5081986  0.26877094  1.191604
```

Test data에 대한 예측 결과를 비교해 보면, 전체적으로 큰 차이는 없는 것으로 보인다. MASE로는 ARMA 오차 회귀모형이 ARIMA 모형 보다 조금 작은 값을 보이고 있으나, RMSE와 MAPE로는 ARIMA 모형이 조금 작은 값을 보이고 있다. 예측 결과를 test data와 함께 표시한 그래프는 그림 5.6에서 볼 수 있다. 예측 구간의 폭을 비교할 수 있도록 세 그래프의 Y축 구간은 동일하게 설정하였다.

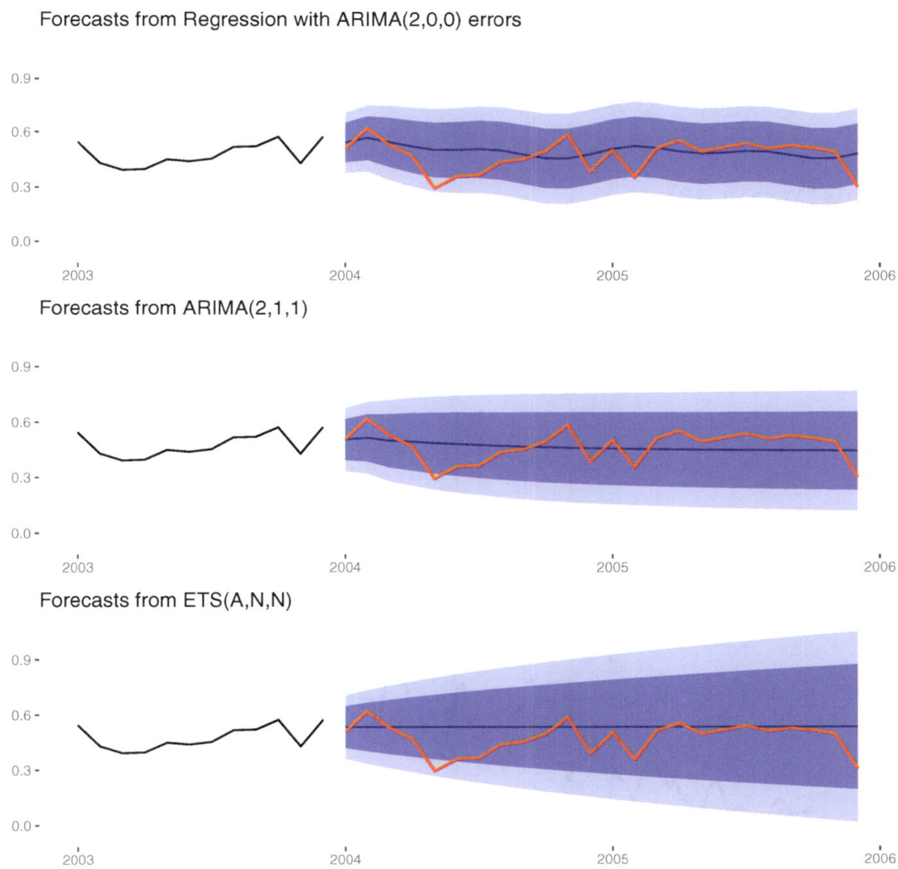

그림 5.6: 자료 `global.txt`에 대한 세 모형의 예측 결과

- 예제 2 : 1949년부터 1960년 월별 국제선 탑승자 수 자료 (AirPassengers)

AirPassengers는 1949년 1월부터 1960년 12월까지 월별 국제선 탑승자 수 자료이다. ETS 모형과 ARIMA 모형, 그리고 ARMA 오차 회귀모형에 의한 예측 모형을 적합시키고, 예측 결과를 비교해 보자. 예측 결과의 평가를 위해 마지막 2년 자료는 test data로 남겨두자.

```
train_AP <- window(AirPassengers, end = c(1958, 12))
test_AP <- window(AirPassengers, start = c(1959, 1))
```

전체 기간에 대한 시계열 그래프를 그림 5.7에 작성해 보자. Test data는 빨간색으로 구분하였다.

```
autoplot(train_AP) +
  autolayer(test_AP, color = "red", size = .8) +
  labs(x = NULL, y = NULL)
```

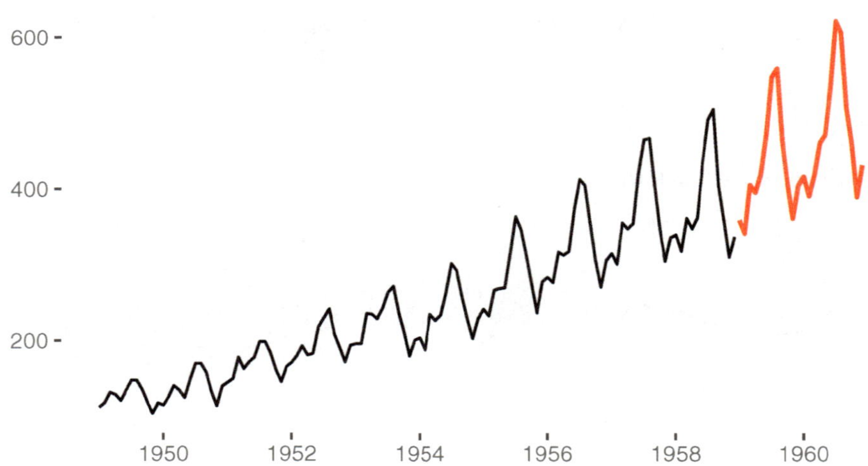

그림 5.7: 자료 AirPassengers의 시계열 그래프

증가 추세가 있고, 명확한 계절 성분이 있는 자료이다. 또한 계절 변동 폭이 추세가 증가함에 따라 점점 커지고 있음도 알 수 있다. 따라서 분산 안정화가 필요한 자료이다. 분산 안정화를 위해 Box-Cox 변환 모수를 추정해 보자.

```
(lam <- BoxCox.lambda(train_AP))
```

```
## [1] -0.3096628
```

변환 모수가 $\lambda = -0.31$ 로 추정되었다. 추정된 변환 모수에 의한 변환 결과와 로그 변환에 의한 결과를 비교해 보자. 그림 5.8에서 볼 수 있듯이 두 변환 결과는 크게 차이가 나지 않는 것으로 보인다. 이런 경우에는 변환 결과에 대한 해석이 가능한 로그 변환을 선택하는 것이 일반적이라고 하겠다.

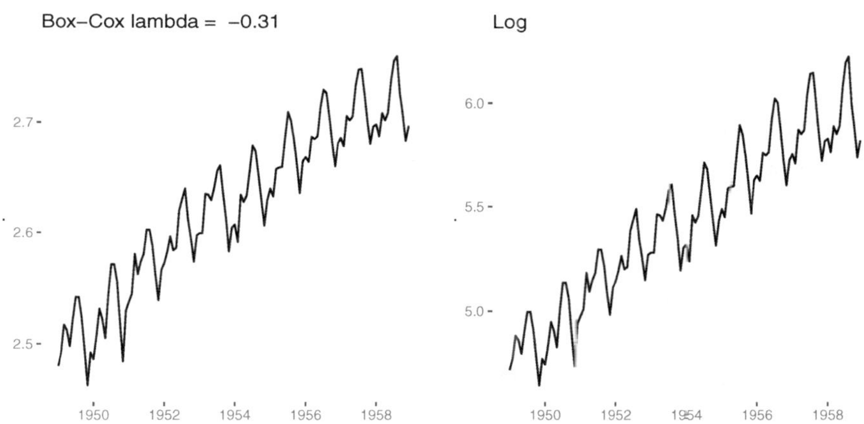

그림 5.8: 분산 안정화 변환

1) ETS 모형 적합

ETS 모형은 계절 성분을 승법 형태로 설명할 수 있는 모형이기 때문에, 계절 성분의 진폭 안정화가 반드시 필요한 모형은 아니다. 또한 모수에 대한 해석보다 예측이 주된 용도이기 때문에, 분산 안정화 변환 결과에 대한 해석이 그렇게 중요한 요소가 되지 않는다. 따라서 원자료에 대한 ETS 모형과 Box-Cox 변환 자료에 대한 ETS 모형, 그리고 로그 변환 자료에 대한 ETS 모형을 각각 적합하고 예측 결과를 비교해 보자.

```
ets_1 <- ets(train_AP, lambda = lam)
ets_fc1 <- forecast(ets_1, h = length(test_AP))

ets_2 <- ets(train_AP, lambda = 0)
ets_fc2 <- forecast(ets_2, h = length(test_AP))

ets_3 <- ets(train_AP)
ets_fc3 <- forecast(ets_3, h = length(test_AP))
```

그림 5.9는 세 가지 ETS 모형의 예측 결과를 test data와 함께 나타낸 그래프이다. Box-Cox 변환 자료에 대한 ETS 모형의 예측 결과가 test data와 가장 근접한 것으로 보인다. Test data를 이용해서 모형을 선택하는 것이 바람직한 방식은 아니지만, 모형 비교를 위한 다른 마땅한 방법이 없는 상황을 고려하였다.

Box-Cox 변환 자료에 대한 ETS 모형을 최적 ETS 모형으로 선택하고, 모형 진단을 실시해 보자. 독립성 가정은 위반하는 것으로 나타났다.

```
fit_ets <- ets(train_AP, lambda = lam)
checkresiduals(fit_ets)
```

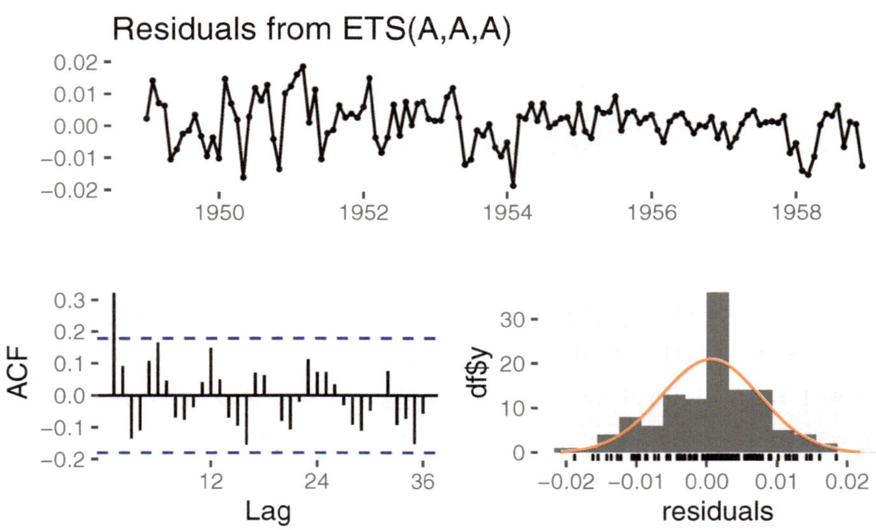

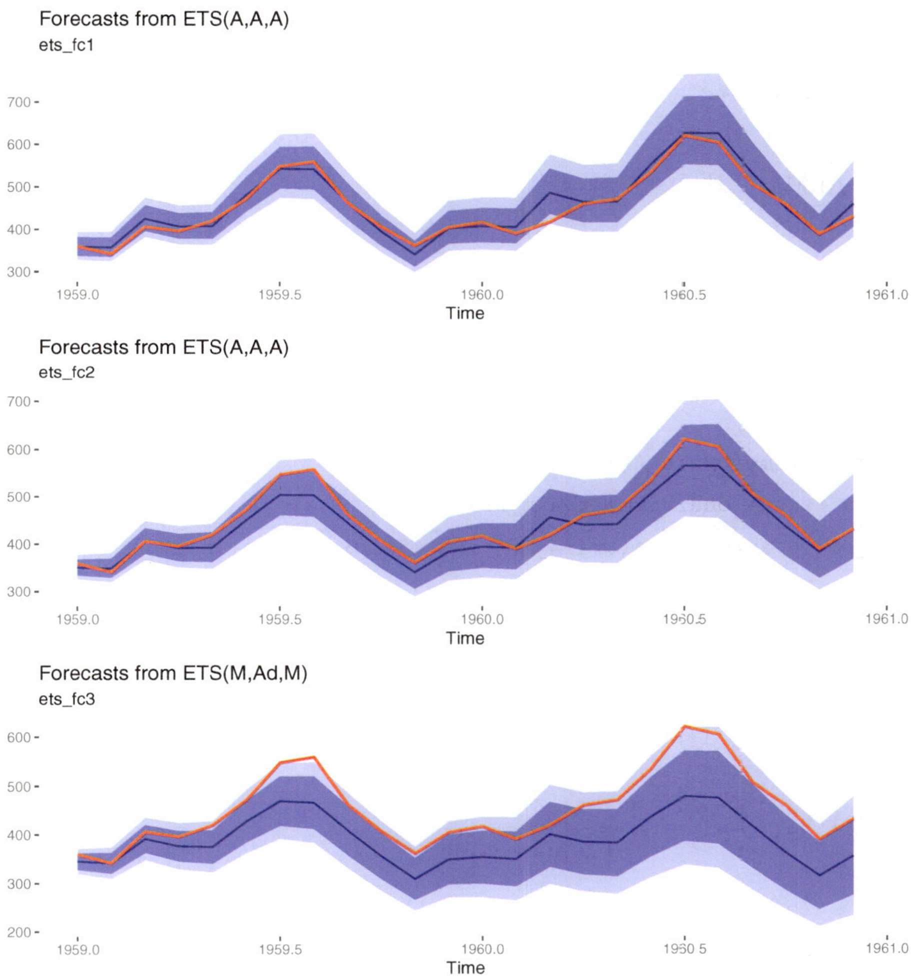

그림 5.9: `AirPassengers` 자료에 대한 ETS 모형의 예측 결과 비교

```
##
##  Ljung-Box test
##
## data:  Residuals from ETS(A,A,A)
## Q* = 39.722, df = 8, p-value = 3.61e-06
##
## Model df: 16.   Total lags used: 24
```

2) ARMA 오차 회귀모형 적합

회귀모형은 분산 안정화가 필수적인 모형이며, 변환 결과에 대한 해석도 필요한 모형이다. 따라서 로그 변환된 자료를 대상으로 모형 적합을 진행해 보자.

계절 성분을 dummy 변수로 나타내는 모형을 적합해 보자.

```
Time <- time(train_AP)
Month <- seasonaldummy(train_AP)
fit_r1 <- auto.arima(train_AP, xreg = cbind(Time, Month),
                     lambda = 0)
```

stepwise = FALSE를 포함시키면 실행 시간이 지나치게 오래 걸리기 때문에 제외했다. 적합 결과를 살펴보자.

```
fit_r1
```

```
## Series: train_AP
## Regression with ARIMA(1,0,0)(0,0,1)[12] errors
## Box Cox transformation: lambda= 0
##
## Coefficients:
##          ar1    sma1  intercept   Time  Month.Jan
##       0.7766  0.1651  -236.9229  0.124     0.0127
## s.e.  0.0674  0.0994     9.7959  0.005     0.0133
```

```
##        Month.Feb  Month.Mar  Month.Apr  Month.May  Month.Jun
##           0.0017     0.1369     0.0956     0.0872     0.2124
## s.e.      0.0173     0.0198     0.0212     0.0220     0.0223
##        Month.Jul  Month.Aug  Month.Sep  Month.Oct  Month.Nov
##           0.3096     0.3018     0.1660     0.0254    -0.1166
## s.e.      0.0219     0.0211     0.0195     0.0170     0.0128
##
## sigma^2 = 0.001265:  log likelihood = 237.46
## AIC=-442.92   AICc=-437.64   BIC=-398.32
```

잔차에 계절형과 비계절형 요소가 모두 남아 있는 것을 알 수 있다. 모형 검진을 실시해 보자. 큰 문제는 없는 것으로 보인다.

```
checkresiduals(fit_r1)
```

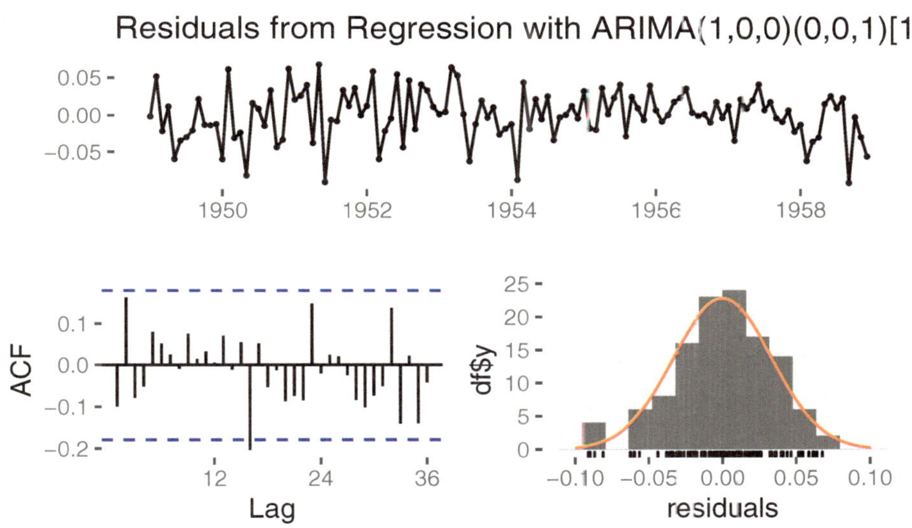


```
##
##  Ljung-Box test
##
## data:  Residuals from Regression with ARIMA(1,0,0)(0,0,1)[12] errors
## Q* = 21.798, df = 22, p-value = 0.472
```

```
##
## Model df: 2.   Total lags used: 24
```

이번에는 Fourier series 변수를 사용한 회귀모형을 적합해 보자. 먼저 최적 차수를 확인하자.

```
Time <- time(train_AP)
res <- vector("numeric", 6)
for(i in seq(res)){
  xreg <- cbind(Time, fourier(train_AP, K = i))
  fit <- auto.arima(train_AP, xreg = xreg,
                    lambda = 0)
  res[i] <- fit$aicc
}
```

```
(min_k <- which.min(res))
```

```
## [1] 5
```

$K = 5$ 가 최적 차수로 확인되었다. 최적 차수에 의한 Fourier series 변수를 사용한 회귀모형을 적합하고 결과를 확인해 보자.

```
Time <- time(train_AP)
Fourier <- fourier(train_AP, K = min_k)
fit_r2 <- auto.arima(train_AP, xreg = cbind(Time, Fourier),
                     lambda = 0)
```

```
summary(fit_r2)
```

```
## Series: train_AP
## Regression with ARIMA(2,0,0)(1,0,0)[12] errors
## Box Cox transformation: lambda= 0
```

```
##
## Coefficients:
##          ar1     ar2    sar1  intercept    Time
##       0.6384  0.1782  0.2060  -233.8237  0.1224
## s.e.  0.0910  0.0964  0.1057    12.3191  0.0063
##       Fourier.S1-12  Fourier.C1-12  Fourier.S2-12
##             -0.0464        -0.1379         0.0773
## s.e.         0.0090         0.0090         0.0051
##       Fourier.C2-12  Fourier.S3-12  Fourier.C3-12
##             -0.0259        -0.0107         0.0264
## s.e.         0.0051         0.0039         0.0039
##       Fourier.S4-12  Fourier.C4-12  Fourier.S5-12
##              0.0245         0.0261         0.0206
## s.e.         0.0036         0.0036         0.0036
##       Fourier.C5-12
##              0.0060
## s.e.         0.0036
##
## sigma^2 = 0.001256:  log likelihood = 237.75
## AIC=-443.49   AICc=-438.21   BIC=-398.89
##
## Training set error measures:
##                     ME     RMSE      MAE         MPE
## Training set 0.1302685 8.156184 6.052862 -0.05051831
##                  MAPE      MASE       ACF1
## Training set 2.597827 0.2118306 0.09399082
```

잔차에 계절형과 비계절형 요소가 모두 남아 있는 것을 알 수 있다. 모형 검진을 실시해 보자. 큰 문제가 없는 것으로 보인다.

```
checkresiduals(fit_r2)
```

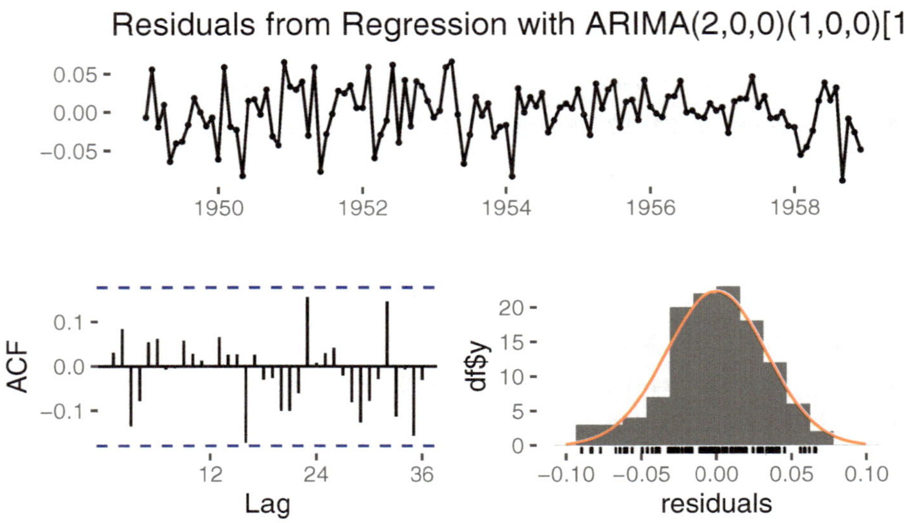


```
##
##  Ljung-Box test
##
## data:  Residuals from Regression with ARIMA(2,0,0)(1,0,0)[12] errors
## Q* = 17.88, df = 21, p-value = 0.6566
##
## Model df: 3.   Total lags used: 24
```

이제 두 모형 중 한 모형을 최적 모형으로 선택해야 한다. 사실 두 모형은 거의 동일한 모형이다. 두 번째 모형이 11개의 Fourier series 변수 중 10개 사용한 모형이기 때문인데, 만일 $K = 6$ 이 선택되어 11개의 Fourier series 변수를 모두 사용한다면 dummy 변수를 사용한 모형과 사실상 동일한 모형이 된다. 두 모형의 AICc를 근거로 한 모형을 선택해 보자.

```
c(fit_r1$aicc, fit_r2$aicc)
```

```
## [1] -437.6420 -438.2119
```

두 번째 모형의 AICc가 조금 더 작은 값으로 계산되었다. 따라서 Fourier series 변수를 사용한 모형을 최적 회귀모형으로 선택하자.

```
fit_reg <- fit_r2
```

3) ARIMA 모형 적합

ARIMA 모형도 회귀모형의 경우처럼 분산 안정화가 필수적인 모형이며, 변환 결과에 대한 해석도 필요한 모형이다. 따라서 로그 변환된 자료를 대상으로 모형 적합을 진행해 보자. 우선 로그 변환된 자료에 대한 시계열 그래프와 표본 ACF를 작성해 보자.

```
train_AP %>%
  log() %>%
  ggtsdisplay()
```

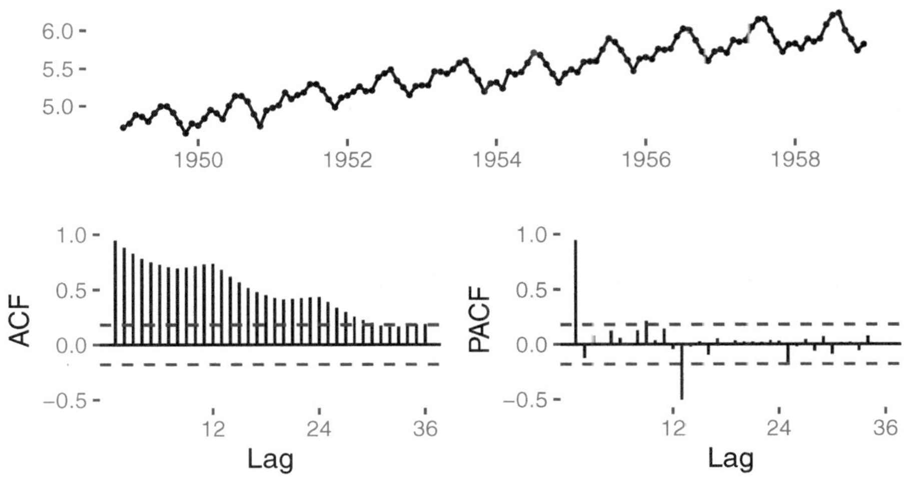

뚜렷한 추세와 계절 성분이 있는 자료임을 알 수 있다. 계절 차분을 실시하고, 그 결과를 확인해 보자.

```
train_AP %>%
  log() %>%
  diff(lag = 12) %>%
  ggtsdisplay()
```

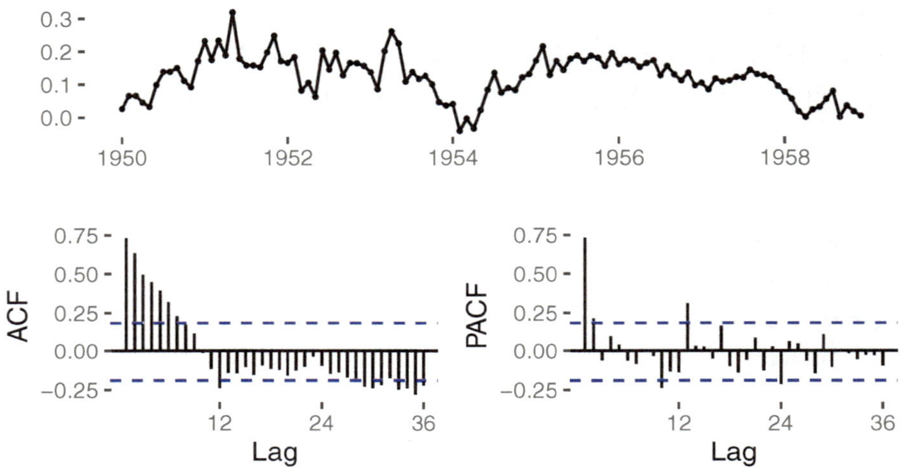

시계열 그래프와 ACF로는 1차 차분이 더 필요한지 여부를 확실하게 결정하기 어려워 보인다. 이런 상황에서는 계절 차분만 실시한 자료에 대한 ARIMA 모형 적합도 시도해 볼 필요가 있는 것으로 보인다.

계절 차분된 자료에 1차 차분을 추가로 실시하고, 그 결과를 확인해 보자. 비정상성 요소가 완전히 제거된 것을 볼 수 있다.

```
train_AP %>%
  log() %>%
  diff(lag = 12) %>%
  diff() %>%
  ggtsdisplay()
```

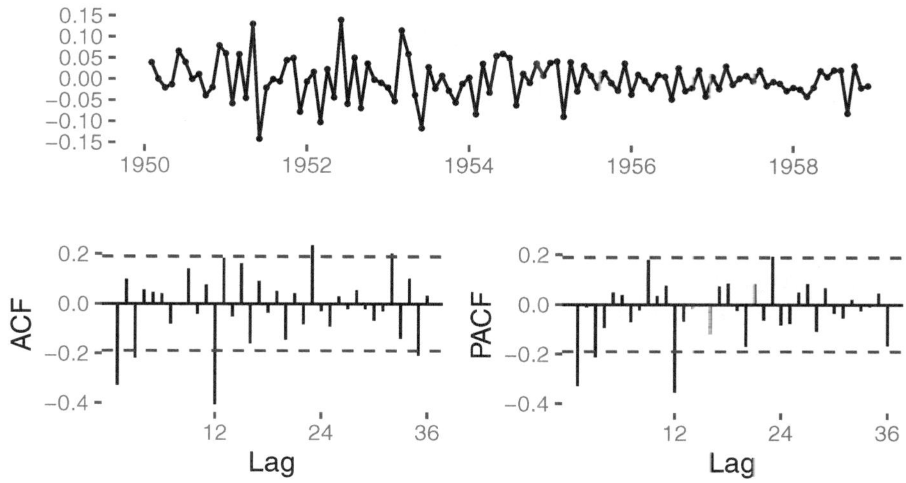

단위근 검정 결과를 확인해 보자. 계절 차분과 1차 차분이 모두 필요한 것으로 나타난다.

```
train_AP %>%
  log() %>%
  ndiffs()
```

```
## [1] 1
```

```
train_AP %>%
  log() %>%
  nsdiffs()
```

```
## [1] 1
```

단위근 검정 결과에도 불구하고 1차 차분이 명확하게 필요한 상황으로 판단하기 어렵다고 보고, 계절 차분만 실시한 경우와 계절 차분과 1차 차분을 모두 실시한 경우에 대해서 각각 ARIMA 모형을 적합시켜 보자. 먼저 계절 차분과 1차 차분을 모두 실시한 자료를 대상으로 ARIMA 모형을 적합해 보자.

```
fit_a1 <- auto.arima(train_AP, lambda = 0,
                     stepwise = FALSE)
```

적합 결과는 다음과 같다.

```
summary(fit_a1)
```

```
## Series: train_AP
## ARIMA(0,1,1)(0,1,1)[12]
## Box Cox transformation: lambda= 0
##
## Coefficients:
##           ma1     sma1
##       -0.3424  -0.5405
## s.e.   0.1009   0.0877
##
## sigma^2 = 0.001432:  log likelihood = 197.51
## AIC=-389.02   AICc=-388.78   BIC=-381
##
## Training set error measures:
##                      ME     RMSE     MAE         MPE
## Training set -0.2372088 8.835339 6.51704 -0.07508532
##                  MAPE      MASE       ACF1
## Training set 2.637955 0.2280753 0.04249699
```

모형 검진 결과에서는 어떤 문제도 발견되지 않았다.

```
checkresiduals(fit_a1)
```

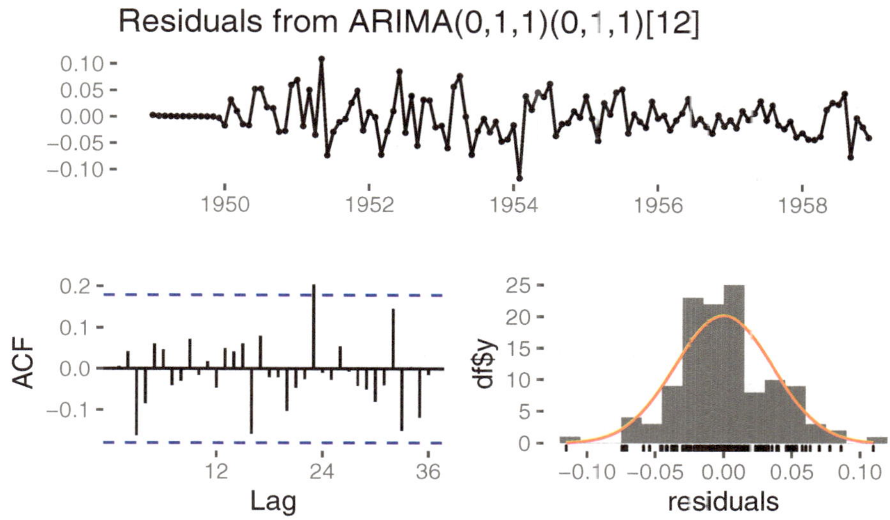


```
##
##  Ljung-Box test
##
## data:  Residuals from ARIMA(0,1,1)(0,1,1)[12]
## Q* = 20.34, df = 22, p-value = 0.5618
##
## Model df: 2.   Total lags used: 24
```

이번에는 계절 차분만을 실시한 자료를 대상으로 ARIMA 모형을 적합해 보자.

```
fit_a2 <- auto.arima(train_AP, d = 0, lambda = 0,
                     stepwise = FALSE)
```

적합 결과는 다음과 같다.

```
fit_a2
```

```
## Series: train_AP
## ARIMA(2,0,0)(0,1,1)[12] with drift
```

```
## Box Cox transformation: lambda= 0
##
## Coefficients:
##          ar1     ar2     sma1   drift
##       0.6159  0.2356  -0.5562  0.0101
## s.e.  0.0944  0.0965   0.0898  0.0010
##
## sigma^2 = 0.001382:  log likelihood = 201.77
## AIC=-393.53   AICc=-392.95   BIC=-380.12
```

모형 검진을 실시해 보면, 모든 가정이 만족되는 것으로 보인다.

```
checkresiduals(fit_a2)
```

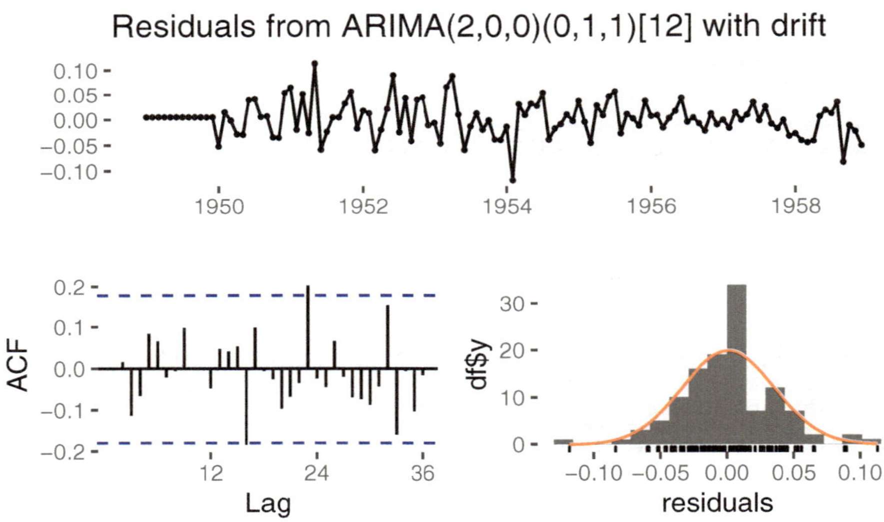


```
##
##  Ljung-Box test
##
## data:  Residuals from ARIMA(2,0,0)(0,1,1)[12] with drift
## Q* = 20.83, df = 21, p-value = 0.4694
##
```

```
## Model df: 3.   Total lags used: 24
```

이제 두 모형 중 하나의 모형을 선택해 보자. 두 모형은 차분을 실시한 횟수가 각기 다른 자료를 사용한 것이기 때문에 AICc 등의 비교는 의미가 없다. 따라서 Test data를 대상으로 더 근접한 예측 결과를 산출하는 모형을 선택하기로 하자.

```
fc_a1 <- forecast(fit_a1, h = length(test_AP))
fc_a2 <- forecast(fit_a2, h = length(test_AP))
```

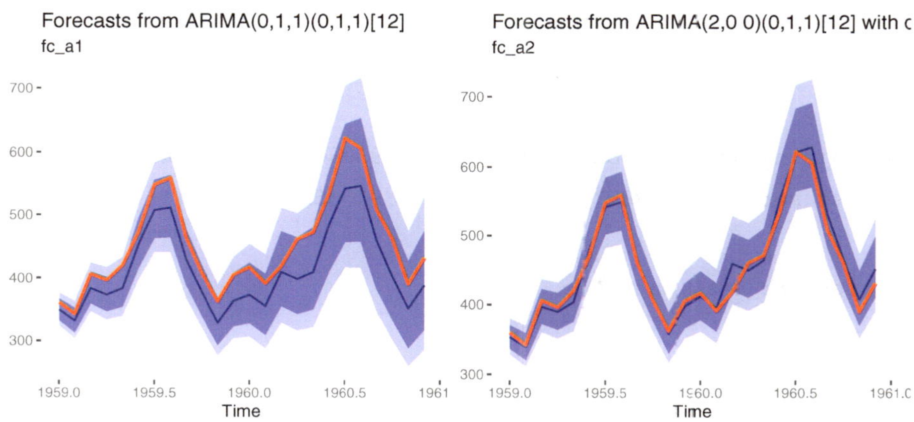

그림 5.10: ARIMA 모형의 예측 결과

두 번째 모형인 ARIMA(2,0,0)$(0,1,1)_{12}$의 예측 결과가 test data에 더 근접한 것으로 보인다.

```
fit_arima <- fit_a2
```

이제는 ETS 모형과 ARIMA 모형, 그리고 ARMA 오차 회귀모형의 예측 결과를 비교해 보자.

```
new_t <- cbind(Time = time(test_AP),
               Fourier = fourier(test_AP, K = min_k))
fc_reg <- forecast(fit_r2, xreg = new_t)

fc_ets <- forecast(fit_ets, h = length(test_AP))
fc_arima <- forecast(fit_arima, h = length(test_AP))
```

```
accuracy(fc_reg, test_AP)
```

```
##                      ME      RMSE       MAE         MPE
## Training set   0.1302685  8.156184  6.052862 -0.05051831
## Test set     -10.8769172 22.234136 15.437231 -2.58040950
##                  MAPE      MASE       ACF1 Theil's U
## Training set 2.597827 0.2118306 0.09399082        NA
## Test set     3.488570 0.5402531 0.39683635 0.4785114
```

```
accuracy(fc_ets, test_AP)
```

```
##                     ME      RMSE       MAE        MPE
## Training set  0.1851383  9.164883  6.647767  0.1873228
## Test set     -6.3756691 19.752432 14.199026 -1.4099460
##                  MAPE      MASE      ACF1 Theil's U
## Training set 2.862835 0.2326503 0.3728555        NA
## Test set     3.219620 0.4969199 0.1682524 0.4355005
```

```
accuracy(fc_arima, test_AP)
```

```
##                      ME      RMSE       MAE         MPE
## Training set  0.05350955  8.616827  6.212913  0.05341167
## Test set     -3.33508240 14.125641 10.626775 -0.66418334
##                  MAPE      MASE       ACF1 Theil's U
```

```
## Training set 2.560180 0.2174318 0.04419876         NA
## Test set     2.356519 0.3719027 0.14856147 0.2945598
```

ARIMA 모형의 예측 오차가 가장 작은 것으로 나타났다. 예측 결과를 그래프로 비교해 보자.

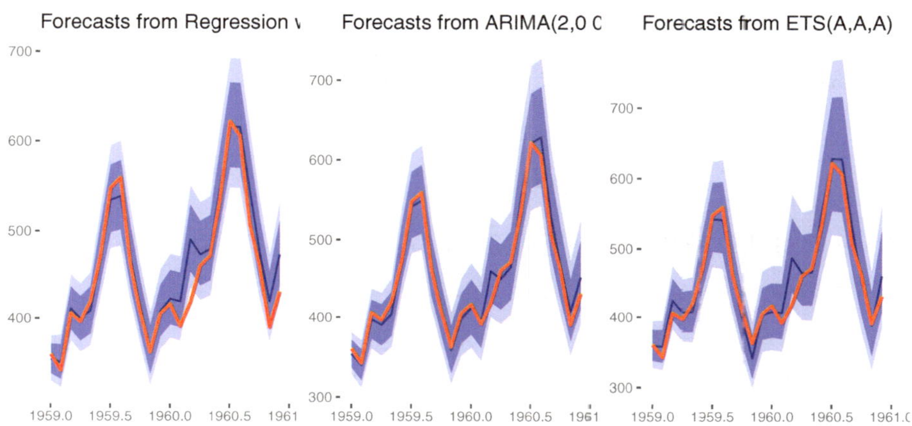

그림 5.11: `AirPassengers` 자료에 대한 예측 결과 비교

5.2 Dynamic 회귀모형

5.1절에서 살펴본 ARMA 오차 회귀모형은 실질적으로 관측 시점만을 설명변수로 사용하는 모형이다. 이런 모형으로는 갑작스런 변동 등을 효과적으로 예측하는데 한계가 있을 수밖에 없다. 만일 반응변수 시계열자료와 직접적 또는 간접적 관련이 있는 다른 시계열자료가 있다면, 시계열자료 사이의 관계를 이용해서 조금 더 효과적인 예측이 가능한 모형을 구성할 수 있을 것이다.

5.2.1 ARMA 오차 Dynamic 회귀모형

Dynamic 회귀모형은 반응변수와 설명변수가 모두 시계열자료인 회귀모형을 지칭한다. 회귀모형의 오차는 백색잡음으로 설정하는 것도 가능하겠지만, 시계열자료의 특성을 고려한다면 ARMA 모형을 따르는 확률변수로 설정하는 것이 더 현실적이다.

반응변수 시계열자료 y_t와 설명변수로 사용되는 시계열자료 $x_{1t}, \dots, x_{kt}$를 이용한 회귀모형은 다음과 같이 표현할 수 있다.

$$y_t = \beta_0 + \beta_1 x_{1t} + \dots + \beta_k x_{kt} + \eta_t \tag{5.2}$$

단, 회귀모형의 오차항 η_t는 ARMA(p,q) 모형을 하며

$$\phi(B)\ \eta_t = \theta(B)\ \varepsilon_t,$$

ARMA 모형의 오차항 ε_t는 평균이 0이고 분산이 σ^2 인 백색잡음 확률변수라고 가정한다.

식 (5.2)의 모든 변수는 정상 시계열자료임을 가정하고 있다. 차분이 필요한 변수가 있는 경우에, 해당 변수에 대해서만 차분을 실시한다면 식 (5.2)의 회귀모형 구조를 유지할 수 없게 된다. 따라서 차분이 필요한 변수가 하나라도 있으면, 회귀모형을 구성하고 있는 모든 변수에 대하여 차분을 실시해야 하며, 이런 경우에는 다음과 같이 절편이 제거된 모형으로 변형된다.

$$y'_t = \beta_1 x'_{1t} + \dots + \beta_k x'_{kt} + \eta'_t$$

단, $y'_t = y_t - y_{t-1}$, $x'_{jt} = x_{jt} - x_{j,t-1}$, $\eta'_t = \eta_t - \eta_{t-1}$ 이며,
η'_t 은 ARMA(p,q) 분포를 한다.

$$\phi(B)\eta'_t = \theta(B)\varepsilon_t$$

ARMA 오차 Dynamic 회귀모형의 적합은 함수 `Arima()` 또는 `auto.arima()`로 진행할 수 있다.

5.2.2 실습 예제

- 예제 1 : 2014년 호주 빅토리아주의 일일 전기 수요량 자료 (`fpp2::elecdaily`)

elecdaily는 365×3 의 ts 객체 행렬이다. 처음 3개 행을 출력해 보자.

```
elecdaily[1:3,]
```

```
##         Demand WorkDay Temperature
## [1,] 174.8963       0        26.0
## [2,] 188.5909       1        23.0
## [3,] 188.9169       1        22.2
```

첫 번째 열인 Demand는 일일 전기 수요량이고, 두 번째 열인 WorkDay는 휴일이면 0, 근무일이면 1을 값으로 갖고 있으며, 세 번째 열인 Temperature는 당일 최고 기온이다. 세 변수의 시계열 그래프를 그림 5 12에 작성해 보자.

```
autoplot(elecdaily, facets = TRUE)
```

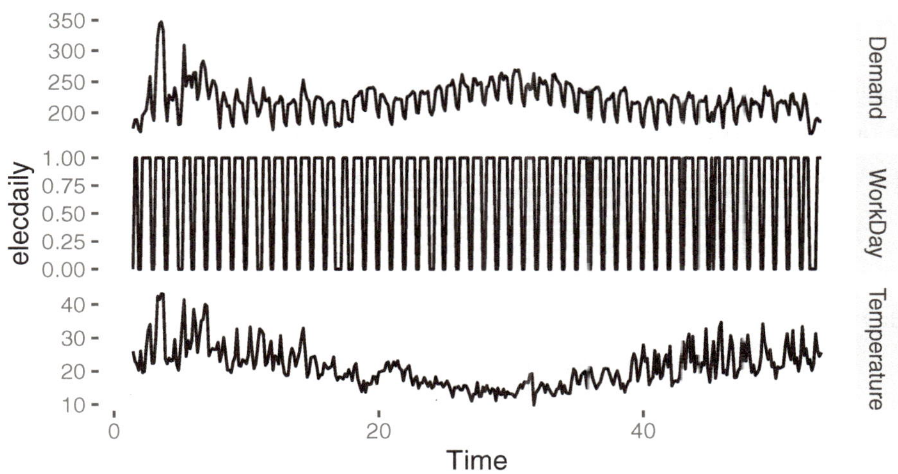

그림 5.12: 자료 elecdaily를 구성하고 있는 세 변수의 시계열 그래프

시계열자료 행렬 elecdaily의 각 열을 개별 시계열자료로 분리해 보자.

```
Demand <- elecdaily[,1]
Work <- elecdaily[,2]
Temp <- elecdaily[,3]
```

세 시계열자료는 동일한 기간과 주기를 갖고 있는데, 변수 `Demand`로 확인해 보자.

```
start(Demand); end(Demand); frequency(Demand)
```

```
## [1] 1 4
```

```
## [1] 53  4
```

```
## [1] 7
```

시작 시점은 2014년 첫 번째 주 네 번째 날이고, 종료 시점은 2014년 53번째 주 네 번째 날이다. 일일 자료이므로 주기는 7로 설정되어 있다. 주 중 네 번째 날의 요일은 다음과 같이 패키지 `lubridate`의 함수 `wday()`로 할 수 있다.

```
library(lubridate)
wday(ymd("2014-1-1"), label = TRUE,
     locale = "English_United States")
```

```
## [1] Wed
## Levels: Sun < Mon < Tue < Wed < Thu < Fri < Sat
```

반응변수인 `Demand`와 설명변수인 `Temp`의 정상성 만족 여부를 확인해 보자. 두 변수 모두 차분이 필요한 것으로 보인다.

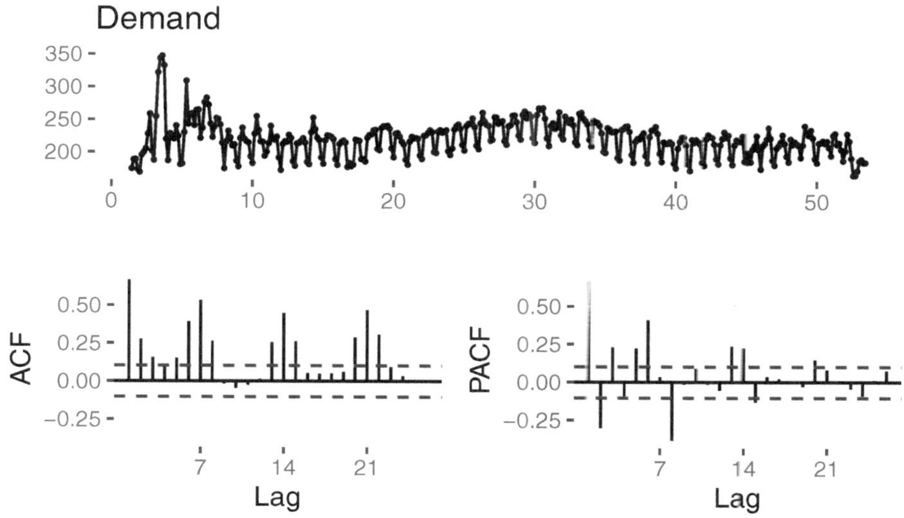

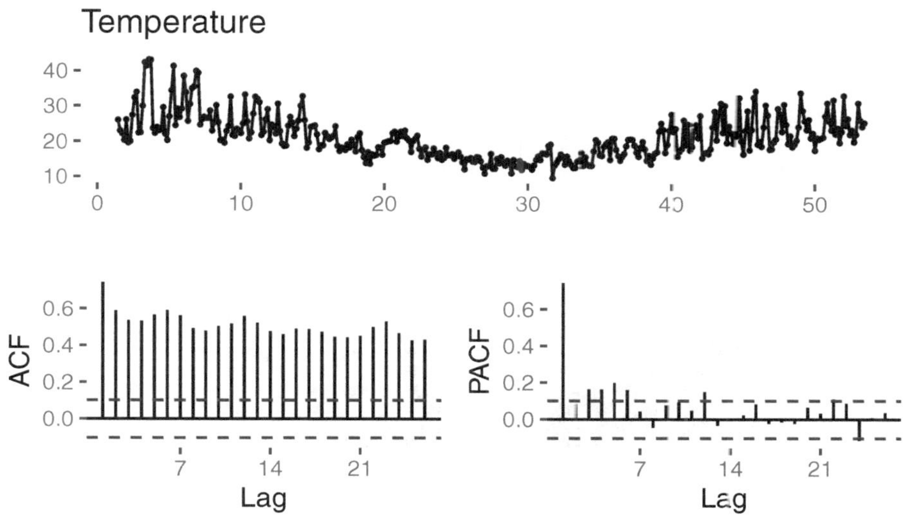

단위근 검정 결과도 확인해 보자.

```
ndiffs(Demand)
```

```
## [1] 1
```

```
ndiffs(Temp)
```

```
## [1] 1
```

이제 두 변수의 관계를 산점도를 이용해서 살펴보자. 그림 5.13에서 두 변수 사이에 2차 함수의 관계가 있음을 볼 수 있다. 회귀모형에 변수 `Temp`의 제곱항도 포함시켜야 할 것으로 보인다.

```
tibble::tibble(Demand, Temp) %>%
  ggplot(aes(x = as.numeric(Temp), y = as.numeric(Demand))) +
  geom_point() +
  geom_smooth(se = FALSE) +
  labs(x = "Temperature", y = "Demand")
```

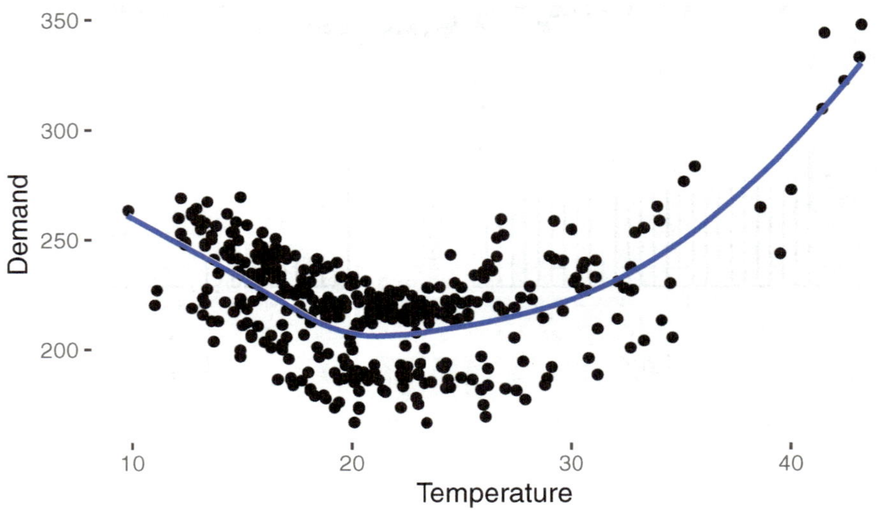

그림 5.13: `Demand`와 `Temperature`의 산점도

Dynamic 회귀모형을 적합시켜보자. 함수 `auto.arima()`에 설명변수 `Temp`와 `Temp^2`, `Work`를 행렬 형태로 `xreg`에 지정해 보자.

```
xreg <- cbind(Temp, Temp2 = Temp^2, Work)
fit <- auto.arima(Demand, xreg = xreg, stepwise = FALSE)
```

적합 결과를 확인해 보자.

```
summary(fit)
```

```
## Series: Demand
## Regression with ARIMA(2,1,1)(2,0,0)[7] errors
##
## Coefficients:
##          ar1      ar2      ma1    sar1    sar2     Temp
##       0.8247  -0.0225  -0.9806  0.2216  0.4008  -7.8847
## s.e.  0.0700   0.0666   0.0203  0.0552  0.0566   0.4457
##        Temp2     Work
##       0.1849  30.3192
## s.e.  0.0088   1.3390
##
## sigma^2 = 44.7:  log likelihood = -1205.77
## AIC=2429.54   AICc=2430.04   BIC=2464.61
##
## Training set error measures:
##                      ME     RMSE      MAE         MPE
## Training set 0.01290229 6.602876 4.767955 -0.09519977
##                  MAPE      MASE          ACF1
## Training set 2.159123 0.3273729 -0.000989946
```

적합된 회귀모형에 절편이 없는 것을 볼 수 있는데, 이것은 차분을 실시한 자료를 대상으로 회귀모형을 적합시켰기 때문이다.

적합된 모형의 진단을 실시해 보자. 독립성 가정에는 문제가 있는 것으로 보인다.

```
checkresiduals(fit)
```

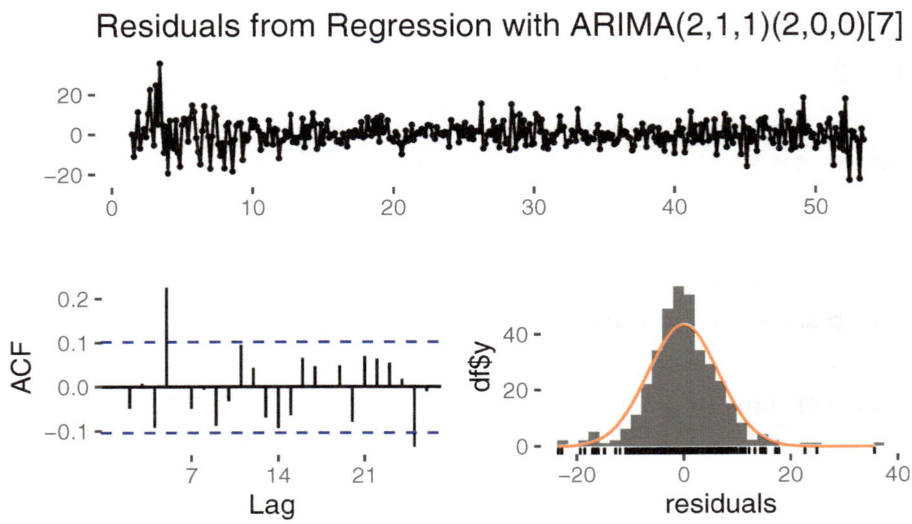


```
##
##  Ljung-Box test
##
## data:  Residuals from Regression with ARIMA(2,1,1)(2,0,0)[7] errors
## Q* = 36.219, df = 9, p-value = 3.625e-05
##
## Model df: 5.   Total lags used: 14
```

이제 적합된 Dynamic 회귀모형을 이용해서 2015년 1월 1이부터 1월 10일까지의 전력 수요량을 예측해 보자. 이 때 문제가 되는 것은 해당 기간에 대한 변수 `Temp`의 값도 미리 알 수 없다는 것이다. 이 문제는 변수 `Temp`의 미래 값을 다른 방법으로 예측해서 사용하거나, 특정한 값으로 가정하고 `Demand`의 미래 값을 예측해야 한다.

여기에서는 2014년 1월 1일부터 1월 10일까지의 `Temp` 값을 그대로 사용해서 예측을 실시해 보자. 변수 `Work`의 값은 2015년 1월 1일 목요일부터 1월 10일 토요일까지 휴일과 근무일을 구분해서 입력할 수 있다.

```
old_T <- Temp[1:10]
new_x <- cbind(Temp = old_T, Temp2 = old_T^2,
               Work = c(0,1,0,0,1,1,1,1,1,0))
fc <- forecast(fit, xreg = new_x)
```

예측 결과에 대한 그래프를 작성해 보자.

```
autoplot(fc)
```

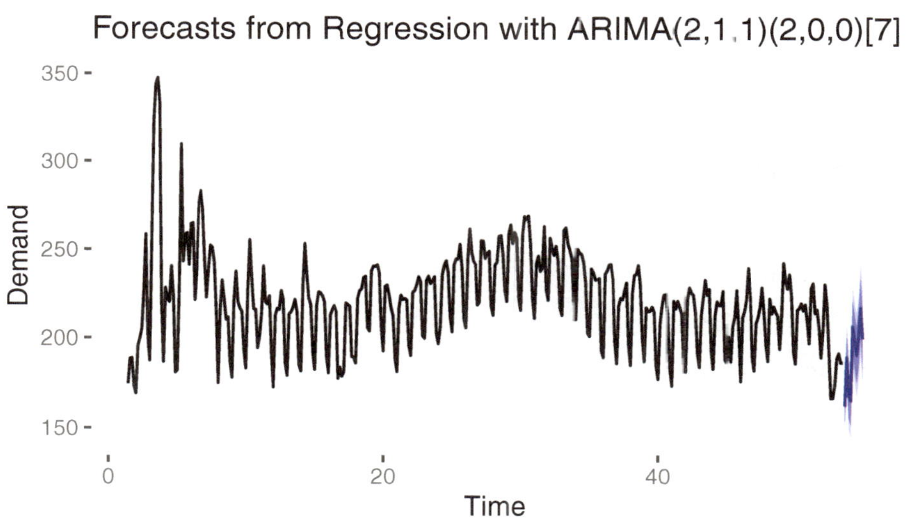

그림 5.14: Demand의 예측 결과

- 예제 2 : 미국 소득, 소비 등의 1970년 1분기부터 2016년 3분기까지 분기별 변화 비율 (fpp2::uschange)

uschange는 187×5 의 ts 객체 행렬이다.

```
uschange[1:3,]
```

```
##      Consumption    Income Production  Savings Unemployment
## [1,]   0.6159862 0.972261 -2.4527003 4.810312          0.9
## [2,]   0.4603757 1.169085 -0.5515251 7.287992          0.5
## [3,]   0.8767914 1.553271 -0.3587079 7.289013          0.5
```

다섯 개 시계열자료는 동일한 시작 시점, 종료 시점과 주기를 갖고 있는데, 첫 번째 시계열자료를 이용해서 확인해 보자. 분기별 자료이므로 주기는 4이고, 시작 시점은 1970년 1분기이며, 종료 시점은 2016년 3분기이다.

```
start(uschange[,1])
```

```
## [1] 1970    1
```

```
end(uschange[,1])
```

```
## [1] 2016    3
```

```
frequency(uschange[,1])
```

```
## [1] 4
```

첫 번째 시계열자료인 `Consumption`에 대한 예측 모형을 적합해 보자. ARIMA 모형과 ETS 모형에 의한 예측 모형, ARMA 오차 회귀모형, 그리고 행렬 **uschange**의 다른 시계열자료를 설명변수로 사용하는 dynamic 회귀모형에 의한 예측 모형을 적합해 보자.

uschange를 구성하고 있는 다섯 변수의 시계열 그래프를 그림 5.15에 작성해 보자. 뚜렷한 추세나 계절 성분이 있는 시계열자료는 없는 것으로 보인다.

```
autoplot(uschange, facets=TRUE) +
  labs(y = NULL, x = NULL)
```

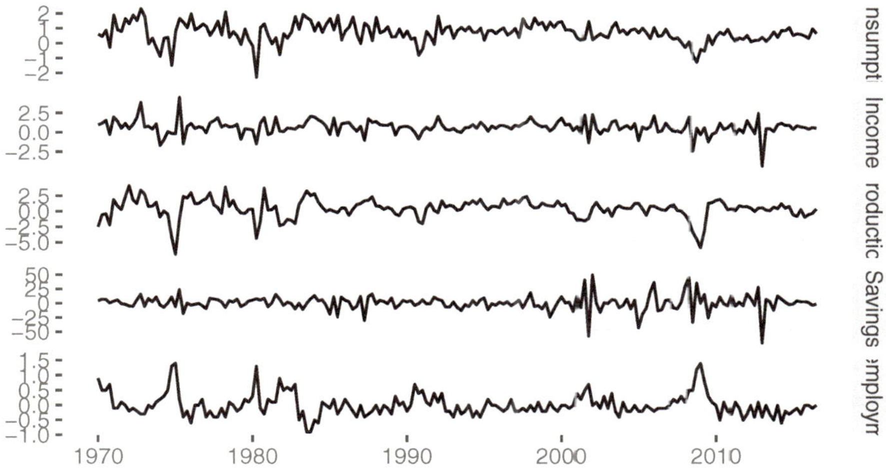

그림 5.15: `uschange`의 다섯 시계열자료의 그래프

다섯 시계열자료의 ACF는 함수 `ggAcf()`에 개별 시계열자료를 각각 입력해서 작성할 수도 있지만, 조금은 번거로운 작업이 된다. 대신 함수 `ggAcf()`에 행렬 `uschange`를 그대로 입력하면 두 변수씩의 모든 조합에 대한 상관 행렬이 작성되는데, 그 중 대각 패널에 각 변수의 ACF가 작성된다.

```
ggAcf(uschange)
```

그림 5.15과 그림 5.16을 근거로 다섯 시계열자료는 모두 정상성을 만족하고 있는 것으로 보인다.

Dynamic 회귀모형에서 설명변수로 사용할 수 있는 시계열자료는 `Income`, `Production`, `Savings`, 그리고 `Unemployment`이다. 함수 `GGally::ggpairs()`로 다섯 변수의 산점도 행렬을 작성해 보자.

```
library(tidyverse)
GGally::ggpairs(as_tibble(uschange) %>%
                  relocate(Consumption, .after=last_col()),
                lower=list(continuous="smooth_loess"))
```

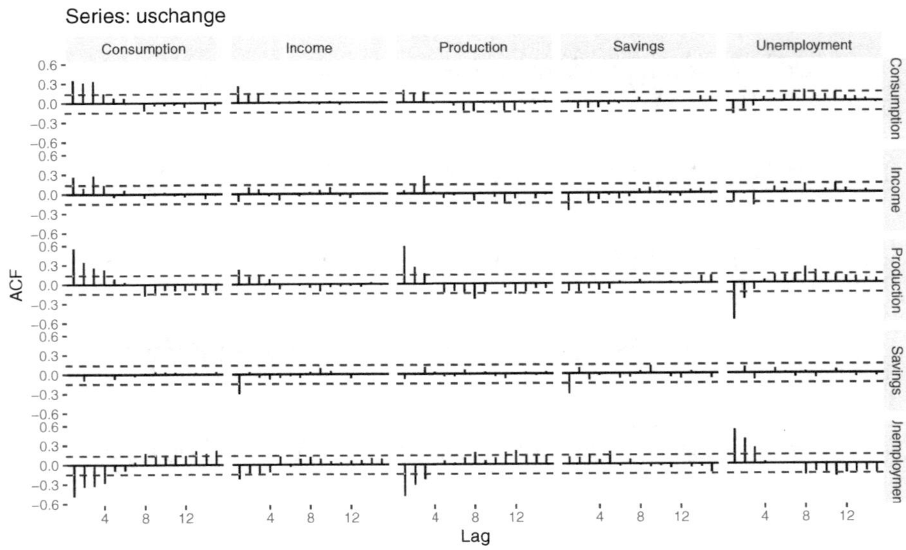

그림 5.16: **uschange**의 다섯 시계열자료의 표본 ACF

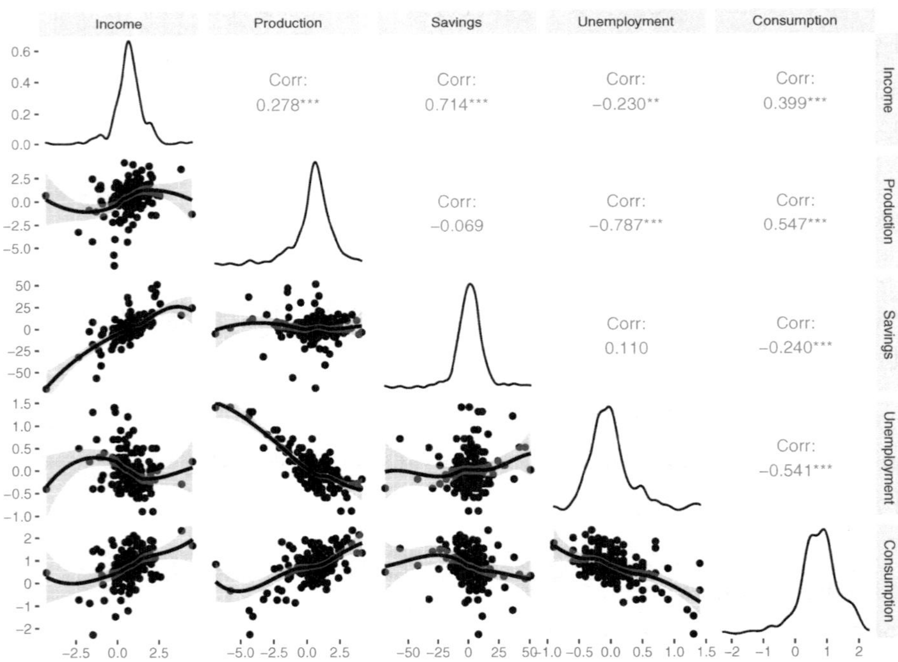

그림 5.17: **uschange**의 다섯 시계열자료의 산점도 행렬

변수 (`Income`, `Savings`)과 (`Production`, `Uneploynent`) 사이에 높은 관련성이 있는 것으로 보여서, 변수 `Income`과 `Production`만을 설명변수로 포함시키고자 한다. 엄격하고 타당한 변수 선택 방식은 아니지만 가능하면 간단한 모형을 구성하고자 한다.

이제 자료를 분리하고 예측 모형을 적합시켜보자.

```
uschange_te <- tail(uschange, n = 8)
uschange_tr <- head(uschange, n = nrow(uschange)-8)
```

ARIMA 모형을 적합하고, 결과를 확인해 보자.

```
fit_arima <- auto.arima(uschange_tr[,1],
                        stepwise = FALSE, approximation = FALSE)
```

```
fit_arima
```

```
## Series: uschange_tr[, 1]
## ARIMA(3,0,0)(2,0,0)[4] with non-zero mean
##
## Coefficients:
##          ar1     ar2     ar3     sar1     sar2    mean
##       0.2267  0.1771  0.2218  -0.0351  -0.1792  0.7482
## s.e.  0.0739  0.0738  0.0726   0.0774   0.0745  0.0951
##
## sigma^2 = 0.3544:  log likelihood = -158.39
## AIC=330.78   AICc=331.44   BIC=353.09
```

ETS 모형을 적합하고, 결과를 확인해 보자.

```
fit_ets <- ets(uschange_tr[,1])
```

```
fit_ets
```

```
## ETS(A,N,N)
##
## Call:
##  ets(y = uschange_tr[, 1])
##
##   Smoothing parameters:
##     alpha = 0.3315
##
##   Initial states:
##     l = 0.6877
##
##   sigma:  0.633
##
##      AIC     AICc      BIC
## 768.8004 768.9376 778.3626
```

5.1절에서 살펴본 관측 시점만을 설명변수로 사용하는 ARMA 오차 회귀모형을 적합해 보자. 추세 변수는 함수 `time()`으로 생성하고, 계절 성분은 dummy 변수로 표현해 보자.

```
Time <-  time(uschange_tr[,1])
Qtr <-  seasonaldummy(uschange_tr[,1])


fit_reg <- auto.arima(uschange_tr[,1],
                     xreg = cbind(Time, Qtr),
                     stepwise = FALSE, approximation = FALSE)
```

```
fit_reg
```

```
## Series: uschange_tr[, 1]
```

```
## Regression with ARIMA(3,0,0)(0,0,2)[4] errors
##
## Coefficients:
##          ar1     ar2     ar3     sma1     sma2   Time
##       0.2564  0.1608  0.2482  -0.1066  -0.1942  3e-04
## s.e.  0.0742  0.0737  0.0729   0.0773   0.0707  1e-04
##       Qtr.Q1  Qtr.Q2  Qtr.Q3
##       0.0554  0.0122   0.172
## s.e.  0.0700  0.0748   0.070
##
## sigma^2 = 0.349:  log likelihood = -155.52
## AIC=331.03   AICc=332.34   BIC=362.91
```

Dynamic 회귀모형도 적합해 보자.

```
fit_dyn <- auto.arima(uschange_tr[,1], d = 0,
                      xreg = uschange_tr[,c(2,3)],
                      stepwise = FALSE, approximation = FALSE)
```

```
fit_dyn
```

```
## Series: uschange_tr[, 1]
## Regression with ARIMA(3,0,0) errors
##
## Coefficients:
##          ar1     ar2     ar3  intercept  Income  Production
##       0.0060  0.1960  0.1890     0.5288  0.1741      0.1758
## s.e.  0.0813  0.0734  0.0735     0.0708  0.0457      0.0262
##
## sigma^2 = 0.2696:  log likelihood = -133.71
## AIC=281.41   AICc=282.07   BIC=303.72
```

적합시킨 네 모형에 대한 모형 검진도 실시해 보자. 다른 가정 사항에는 모든 모형에 문제가 없는 것으로 나타났지만, Ljung-Box 검정 결과에서 ETS 모형이 독립성 가정을 위반하고 있는 것으로 보인다.

```
checkresiduals(fit_arima, plot = FALSE)
```

```
##
##  Ljung-Box test
##
## data:  Residuals from ARIMA(3,0,0)(2,0,0)[4] with non-zero mean
## Q* = 0.6507, df = 3, p-value = 0.8847
##
## Model df: 5.   Total lags used: 8
```

```
checkresiduals(fit_ets, plot = FALSE)
```

```
##
##  Ljung-Box test
##
## data:  Residuals from ETS(A,N,N)
## Q* = 15.865, df = 6, p-value = 0.0145
##
## Model df: 2.   Total lags used: 8
```

```
checkresiduals(fit_reg, plot = FALSE)
```

```
##
##  Ljung-Box test
##
## data:  Residuals from Regression with ARIMA(3,0,0)(0,0,2)[4] errors
## Q* = 0.32544, df = 3, p-value = 0.9552
##
## Model df: 5.   Total lags used: 8
```

```
checkresiduals(fit_dyn, plot = FALSE)
```

```
##
##  Ljung-Box test
##
## data:  Residuals from Regression with ARIMA(3,0,0) errors
## Q* = 1.5616, df = 5, p-value = 0.9059
##
## Model df: 3.   Total lags used: 8
```

이제 test data에 대한 예측을 실시해 보자. 모형 **fit_dyn**의 경우에는 test data 시점에서 설명변수의 관측 문제가 있지만, 다른 모형과의 비교를 위해서 설명변수의 값이 알려져 있다고 가정하겠다. 이 가정으로 모형 **fit_dyn**의 예측은 결과가 더 좋게 나올 수 있다.

```
fc_arima <- forecast(fit_arima, h = 8)
fc_ets <- forecast(fit_ets, h = 8)
fc_dyn <- forecast(fit_dyn,
                   xreg = uschange_te[,c(2,3)])
```

```
Time <-  time(uschange_te[,1])
Qtr <-  seasonaldummy(uschange_te[,1])
fc_reg <- forecast(fit_reg,
                   xreg = cbind(Time, Qtr))
```

예측 결과를 test data와 비교해 보자. 모형 **fit_dyn**의 예측 오류가 가장 작은 것으로 나타났다. ETS 모형도 예측 오류가 다른 모형보다 비교적 작은 것으로 나타났다.

```
accuracy(fc_arima, uschange_te[,1])
```

```
##                                ME       RMSE         MAE         MPE
```

```
## Training set  0.0002559072 0.5852267 0.4396851  65.90037
## Test set     -0.0475341277 0.2500710 0.2185770 -17.75795
##                    MAPE     MASE        ACF1 Theil's U
## Training set 189.15841 0.670526  0.00952753        NA
## Test set      33.64265 0.333333 -0.21075717 0.6797118
```

```
accuracy(fc_ets, uschange_te[,1])
```

```
##                          ME      RMSE       MAE       MPE
## Training set  0.0008292707 0.6294144 0.4622752  15.94476
## Test set     -0.0071405456 0.2275948 0.1819332 -11.07730
##                    MAPE      MASE         ACF1 Theil's U
## Training set 163.66594 0.7049764 -0.004088847        NA
## Test set      27.12135 0.2774507 -0.208694082 0.5901059
```

```
accuracy(fc_reg, uschange_te[,1])
```

```
##                          ME      RMSE       MAE       MPE
## Training set  0.0008586772 0.5757214 0.4336545  62.73093
## Test set     -0.0460208936 0.2877620 0.2542229 -18.22233
##                    MAPE      MASE         ACF1 Theil's U
## Training set 184.11947 0.6613293  0.003604112        NA
## Test set      37.33168 0.3876936 -0.360236167 0.7215638
```

```
accuracy(fc_dyn, uschange_te[,1])
```

```
##                          ME      RMSE       MAE       MPE
## Training set -0.0006526438 0.5104141 0.3844923 43.024517
## Test set      0.1004867937 0.2061923 0.1498566  8.058113
##                   MAPE      MASE         ACF1 Theil's U
## Training set 189.5903 0.5863563  0.002548898        NA
## Test set      18.8564 0.2285334 -0.413909940 0.6493148
```

예측 결과를 그래프로 나타내서 비교해 보자. ETS 모형의 경우 비교적 작은 예측 오류가 나왔지만 모든 시점에서 동일한 예측 결과을 보이는 모형이 선택되었고, 예측 구간의 폭이 가장 넓다는 점을 고려한다면, 바람직한 예측 모형은 아니라고 하겠다.

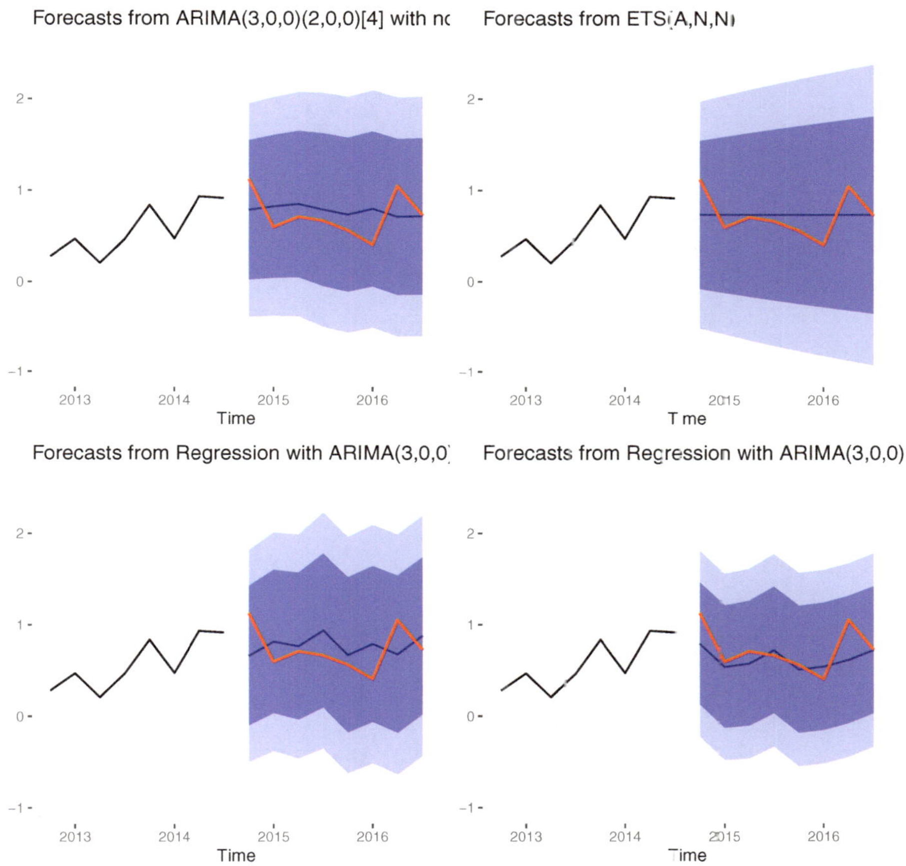

그림 5.18: `uschange`의 `Consumption`에 대한 예측 결과 비교

참고 문헌

Paul Cowpertwait and Andrew Metcalfe. Introductory Time Series with R. Springer, 2009.

Rob Hyndman and George Athanasopoulos. Forecasting Priciples and Practice. OTexts, 2018.

Rob Hyndman, Anne Koehler, Keith Ord and Ralph Snyder. Forecasting with Exponential Smoothing: the State Space Approach. Springer, 2008.

Hadley Wickham and Garrett Grolemund. R for Data Science. O'Reilly, 2016.

박동련. R과 통계분석. 자유아카데미, 2020.

조신섭 · 손영숙 · 성병찬. 시계열분석. 율곡출판사, 2015.

찾아보기

박동련

- 연세대학교 응용통계학과(경제학 학사)
- 연세대학교 대학원 응용통계학과(경제학 석사)
- University of Michigan(Ph.D in Statistics)
- 현) 한신대학교 응용통계학과 교수

R로 알아가는 **시계열분석**

초판발행 2023년 1월 10일

지은이 박동련

펴낸이 오판근
펴낸곳 (주) 교우
주 소 서울시 동대문구 약령시로 8 교우빌딩 2층 (주)교우
전 화 02-925-2861 / **팩 스** 02-925-2860, **편집부** 02-925-2825
홈페이지&북스토어 www.kyowoo.co.kr / **이메일** kyowoo@kyowoo.co.kr

등 록 1994년 3월 24일 제1994-000013호
ISBN 979-11-251-0363-9 (93310)

값 25,000원

교우미디어는 (주) 교우의 Imprint 사입니다.
수학정원·과학정원은 (주) 교우의 새로운 브랜드명입니다.